SHISHANG ZHU N
CHENGGONG

“十商”助你成功

张永婷◎编著

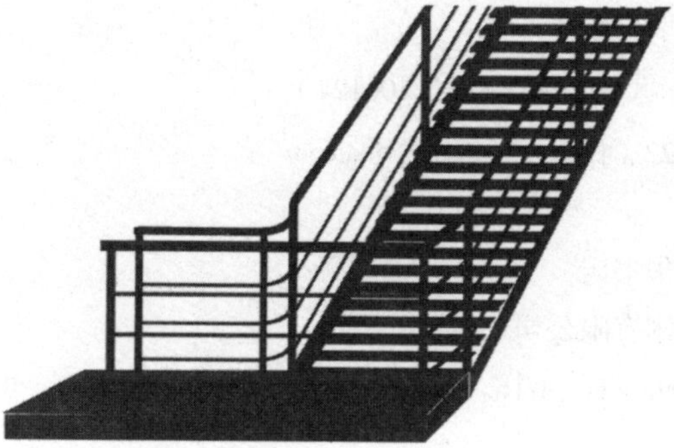

北京工业大学出版社

图书在版编目（CIP）数据

“十商”助你成功 / 张永婷编著 . —北京：北京工业大学出版社，2012.10

ISBN 978-7-5639-3262-7

Ⅰ . ①十… Ⅱ . ①张… Ⅲ . ①成功心理—通俗读物 Ⅳ . ① B848.4-49

中国版本图书馆 CIP 数据核字（2012）第 222524 号

“十商”助你成功

编　　著：张永婷
责任编辑：周　雪
封面设计：尚世视觉
出版发行：北京工业大学出版社
（北京市朝阳区平乐园 100 号 100124）
010-67391722（传真）bgdcbs@sina.com
出 版 人：郝　勇
经销单位：全国各地新华书店
承印单位：唐山才智印刷有限公司
开　　本：787 mm × 1092 mm　1/16
印　　张：17
字　　数：165 千字
版　　次：2012 年 10 月第 1 版
印　　次：2021 年 1 月第 2 次印刷
标准书号：ISBN 978-7-5639-3262-7
定　　价：32.00 元

前　言

每个人都想成功，每个人都在自己的人生大道上为理想而努力着。然而，有些人即使很努力也没能达到目标，其实一个人要想成功就需要努力追求全面、均衡的发展。为此，本书从智商（IQ）、情商（EQ）、逆商（AQ）、德商（MQ）、胆商（DQ）、财商（FQ）、心商（MQ）、志商（WQ）、灵商（SQ）、健商（HQ）这十个方面展开，力图帮助你构建成功而幸福的人生大厦。

本书将为你阐释获取成功的一些条件：良好的智商是成功者必备的素质，情商是人生成功的主宰力量之一，逆商帮助你抗击挫折，德商强调个人品格的修养，胆商激励你博弈人生，财商为你揭示创富密码，心商为你营造快乐的精神世界，志商告诉你要成功必须心存高远，灵商为你阐述悟性的重要性，健商教你打造身心健康。这其中的每一项内容，都有助于你获得提升。

本书内容丰富、实用性强。对渴望成功的人来说，如果按照书中提供的方式不断修炼和积累，将增大实现人生价值的可能。每章后面设置的“测试”栏目，可以帮助你进一步发现问题，认识自己。

目　录

智商：成功者必备素质

智商是表示人的智力高低的数量指标，也可以表现为一个人对知识的掌握程度，反映人的观察力、记忆力、思维力、想象力、创造力以及分析问题和解决问题的能力。智商不是固定不变的，是可以通过学习和训练开发增长的。我们要不断地学习，提高智商，这是成功的基本条件。

智商及智力测量

智商（Intelligent Quotient，缩写为IQ），即智力商数，可用来反映一个人在数字、空间、逻辑、词汇、记忆等方面的能力。

智商有两种，一种是比率智商，另一种是离差智商。

比率智商表示智力的相对水平，其始创者是美国斯坦福大学教授推孟，他于1916年发表了斯坦福—比奈智力量表，这个表在后来被进一步修订，其中，第二版的突出改进是引入了智商的概念，并把其应用范围推广至全世界，成为比较儿童聪明程度的指标。比率智商的计算公式是，智力商数 = 智力年龄 ÷ 实际年龄 ×100。

离差智商是智力测量专家为了准确表达人们的智力水平提出的概念，即用一个人在其同龄人中的个对位置，即通过计算受试者偏离平均值多少个标准差来衡量，这就是离差智商，也称为智商。比如说，两个年龄不同的成年人，一个人的智力测量得分高于同龄组分数的平均值，另一个的得分低于同龄组的平均值，那么我们就作出这样的结论：前者的智商比后者高。

目前，大多数智力测量都用离差智商来表示一个人的智力水平。在现代典型的智力测验实践中，假如设定主体人群的平均智商为 100 的话，那么，根据一定的统计原理，则有一半人群的智商介于 90 至 110 之间，其中，智商在 90 至 100 和 100 至 110 的人各占 25%。智商在 110 至 120 的人占 14.5%，智商在 120 至 130 的人占 7%，130 至 140 的人占 3%，其余 0.5%的人智商在 140 分以上，另有 25%的人智商在 90 分以下。

通常人们对智力水平高低进行下列分类：智商 140 以上者称为天才，智商 120 至 140 为最优秀，100、110、120 为优秀，90 至 100 为常才，80 至 90 为次正常，70 至 80 为临界正常，60 至 70 为轻度智力落后，50 至 60 为愚鲁，20 至 25 为痴鲁，25 以下为白痴。

智力测验被经常用作确定人的智力。有人认为，虽然人们的比率智商没有大的差异，但是男人智商的离差大，女人智商的离差小，所以，聪明人和傻子多分布在男人中。智商测量的重要意义在于，我们可以通过它了解自己的智力水平及潜能，并将其作为发挥自身优势，科学选择职业和优生优育等的依据。

必须指出的是，智力测量是对一定人群按统计学方法得出的智力商数，这一结果与智力有一定关系，但却不等于智力水平。这是因为智商测量结果只在一定程度上反映人的智力，但不能完全代表一个人的智力水平。智商是变化的，一个人某一时期的智商值只能说明他当时的智力状态，而不能作为预测这个人将来智力的指南。

另据科学家证实，不同民族、不同性别和不同血型的人的智商，并无明显的先天差异，而且智商并非完全由先天决定，后天的培养同样至关重要。

从影响智商的各种因素来看，就更加证明了后天培养的重要性。影响智商的因素主要包括以下几方面：

一是遗传与环境。遗传基因是智力发展的生物前提。良好的遗传基因，是智力发展的基础和自然条件。有研究发现：遗传关系越密切,个体之间的智力越相似。但是遗传只为智力发展提供了可能性，要使智力发展的可能性变成现实，还需要社会、学校教育与家庭许多方面的共同作用。

二是早期经验。人的智力发展的速度是不均衡的。研究表明，早期阶段获得的经验越多，智力发展得就越迅速，不少人把学龄前称为智力发展的一个关键期。美国布鲁姆提出了一个重要假设，把5岁前视为智力发展最迅速的时期，如果17岁的智力水平为100%，那么，从出生到4岁就获得50%的智力，其余30%是4岁至7岁获得的，另外20%是8岁至17岁获得的。

三是教育与教学。教育和教学对智力的发展起着重要作用。教育和教学不但使儿童获得前人的知识经验，而且促进儿童心理能力的发展。例如教师在运用分析和概括的方法讲授课程内容时，如果不仅使学生获得有关的知识，还使学生掌握了分析和概括的思维方法，那么学生的思维能力便提高了。

四是社会实践。人的智力是人在认识和改造客观世界的实践中逐渐发展起来的。社会实践不仅是学习知识的重要途径，也是智力发展的重要基础。爱迪生的启蒙教师是他的母亲，但实验是他创造发明的基础，是他才智形成的重要条件。

五是主观努力。环境和教育的决定作用，只能机械、间接地影响一个人能力的发展。如果没有主观努力和个人的勤奋，要想获得事业的成功和能力的发展是很难的。世界上许多杰出的思想家、科学家、艺术家，无论他们所从事的事业多么不同，他们都具有一些共同点，即醉心于自己的事业，长期坚持不懈，刻苦努力，顽强与困难作斗争。如果没有这些，他们也只能是平庸的人，既不可能取得成就，能力的提高也无从谈起。

智商不是固定不变的，通过学习和训练是可以开发增长的。我们要走向成功，就必须不断学习。而不断地学习，提高智商是成功的基本条件。

智商的功能与价值

智商高的人，思维能力强，容易在某个专业领域作出杰出成就，成为某个领域的专家。

事实上，绝大多数行业对智商没有什么特别的要求，达到及格水平即可。下面列举一些智商的功能与价值的具体表现：

第一，智商在考试中的功能与价值

我们在校学习期间，除了学习知识外，会花大量时间在智力训练方面。学数学可培养数字计算、空间想象、逻辑推理能力，学语文、英语、历史等可培养词汇运用、记忆能力。高考，可以说是对人们在这些方面能力的大检阅。

由于考试是限时进行的，对人们记忆、处理复杂信息的能力要求比较高。所以高智商的人在考试时特别占便宜。我们都有这样的感受，如果一个人有个好记性是让大家非常羡慕的。因为大部分考试考查的内容有一大部分都是需要牢牢记住的东西。所以对于考生来说，记忆力好是取得高分的基础。一个人如果有好的记忆力，好的运算能力，好的语言能力，再用功一些的话，考上好大学是不在话下的。

第二，智商在棋艺中的功能与价值

棋类运动对智商要求比较高。国内最好的棋手之一——常昊的智商是 138，有世界围棋第一人之称的李昌镐的智商是 139，他们的智商属于优秀水平，但没有达到天才级水平（一般认为，智商大于 140 属于天才）。看来，即使非常需要动脑筋的棋类运动对于智商的要求也并非高到离谱。

第三，智商在科研领域的功能与价值

科学研究领域好像特别需要高智商，但这个领域对智商的要求同样不会高得离谱。那么，从事科学研究有没有一个智商要求的底线呢？

这个问题好像没有定论，我们可以参考一下一些科研工作者的说法。我国著名的数学家张广厚在小学、中学读书时智力表现并不出众，他说过："搞数学无须太聪明，中等天分就可以，主要是毅力和钻劲。"达尔文也曾说过："我之所以能在科学上成功，最重要的就是我对科学的热爱，对长期探索的坚持，加上对事业的勤奋。"近代"控制论"奠基人、大数学家维纳在自传中说，和他幼年时同被称为神童的另外三四个人，由于不勤奋上进，以及其他多种原因，长大后都无所作为；相反，有些人幼年时表现平凡，但由于后来的勤奋和环境的熏陶，最终成为科技史上的伟人。

第四，智商在经济领域的功能与价值

我们看到中国的福布斯富豪榜上，有的是小学文化，美国富豪也有小学文化的。

也许世界巨富巴菲特对这个问题有更深的认识。美国《福布斯》杂志曾经公布的全球200名亿万富翁中，沃伦·巴菲特列第一。当记者问巴菲特是如何走到现在这一步，成为比上帝还富有的人时，巴菲特答道：我怎样走到这一步说起来也很简单。我的成功并非源于高智商，我相信你们听到这一点一定很高兴。我认为最重要的是理性。我总是把智慧和才能看作是发动机的马力，但是输出功率，也就是发动机的工作效率则取决于理性。那么，为什么一些聪明人在做事情的时候却不能获得他们应该得到的结果呢？这涉及习惯、性格和气质等方面因素，涉及行为是否合乎理性，是不是自己在妨碍自己。就如我说过的，这里每一个人都完全有能力做我所做的任何事情，甚至做比我多得多的事情。

我们知道，智商是衡量一个人认识、理解客观事物并运用知识、经验等解决实际问题的能力，它是先天素质、教育影响以及个人努力等多方面因素结合的产物。如果没有一定的智商作为基础，人的整体智能的发挥就会受到严重制约。现代心理学研究表明，一个人生活和事业上的成功，有百分之二十依赖于智力因素，即智商；而百分之八十取决于非智力因素。因此，高智商者不一定就能成为成功者，因为智商不是促成成功的唯一因素。所以，成功者除了需要先天禀赋之外，还要通过后天磨炼，以弥补不足。

观察力是打开成功之门的钥匙

观察力，是有目的，有计划，有步骤地感知事物特征的能力。

常言道："聪明，聪明，耳聪目明。"我们一旦学会用眼看，用耳听，用感官去观察认识事物，就会变得聪明起来。这是因为，人对五彩缤纷的大千世界的认识，始于观察。具有非凡观察力的人，更易成就非凡的事业。提高观察力，是打开成功之门的钥匙。

人的智力活动是从观察开始的。一个人对周围事物“视而不见”、“听而不闻”，他的精神世界就容易贫乏。实验表明：缺少触觉刺激，被试者的智力活动就会变得迟钝。缺少触觉的感知，就会使智力活动受到明显的不良影响，那么，缺乏有目的有计划的观察，对智力活动的消极影响就不言而喻了。

可见，观察是获取信息的重要途径。一个人要想开发自己的潜能，就必须敞开观察的大门，让外界的信息源源不断地进入自己的大脑，这样，就可以从对客观事物的仔细观察中，获得大量的知识。

正是由于观察力在智力活动中有重要作用，所以，多一分观察，就会多一分成功的可能。我们要开发自己的观察力，就要采取相应的措施。

第一，养成观察的兴趣

兴趣作为一个人倾向于认识、研究、获得某种事物并带有情绪色彩的心理特征，对人某一方面的发展有始动、定向和调节作用。兴趣可以推动一个人充满热情地认识、研究有关事物，从事相关活动，从而获得更好发展，获得极大满足。日本心理学家木村久一特别强调：“千万不要忘记：毅力、勤奋、入迷和忘我的出发点实际上在于兴趣。有了强烈的兴趣，自然会入迷，入了迷自然会勤奋、有毅力，最终达到忘我。”瑞士著名心理学家皮亚杰也指出：“一切有成效的工作必须以某种兴趣为先决条件。”所以，我们首先要培养自己对于观察的兴趣。

有一天，意大利比萨城一个年轻的医科学生，正跪在大教堂里做祷告。教堂里一片寂静。一个教堂司事正巧在这时给一盏悬挂着的油灯灌油，事后还漫不经心地让油灯在空中来回摆动。摆动着的挂油灯的链条的嘎嘎声惊扰了这位学生，引起了他的注意。忽然，他跳起身来，仿佛遭到了闪电的突然袭击。因为他觉察出链条摆动的节奏似乎是有规律的，尽管往返的距离越来越小，但那盏嘎嘎作响的挂灯每摆一次所用的时间，似乎总是一样长的。他对此大感兴趣，决定立即回家去弄个明白，究竟是他看花了眼，还是他确实发现了大自然的一个普遍规律。这个人便是著名的物理学家伽利略。

伽利略回家后，立即找来两根同样长的绳子，并各系上一块相同重量的铅块，然后分别将两个绳头系在不同的厅柱上。做好了实验准备后,他请他的教父帮助他进行这个试验：“请您在我数这条绳子的摆动次数的同时，数那条绳子摆动的次数。”伽利略交代完毕，把这两个铅摆的其中一个拉到离垂直线四手掌宽的位置，而将另一个拉到离垂直线两手掌宽的位置，然后同时松手。计数后发现，总数果真是一样的。

就这样，伽利略从观察中发现了单摆摆动的“等时性规律”，为科学的发展作出了巨大的贡献。

不难理解，如果伽利略没有良好的观察能力，也就很难有这个重大发现。

第二，明确观察的目的

我们接触的事物浩如烟海，我们不可能对所有的事物都作密切的观察，总是要有选择地来观察。观察的目的一般有两种：一是为了从观察中发现问题，得到新的知识；二是为了判断证实理论，验证已有知识。观察时，要有意识地搜寻自己所要寻求的现象。在明确目的时候特别要注意：一要寻找事物和现象的特点；二要寻找这一事物与其他事物之间以及与已有知识之间的联系。

曾经有这样一个教学实验：一位女教师给小学一年级学生讲松鼠。她挂上一张画有松鼠的挂图，谈到松鼠的习性和生活方式，等等。她讲了好长一段时间，却一点也没谈到松鼠的外貌。随后她取下挂图，叫学生画出松鼠的大致样子并染色。结果孩子们纷纷发问：老师，松鼠是什么颜色的？它的眼睛怎样？有没有胡须？你也许说，孩子们没看刚才的挂图吗？看了，可“看”出的东西很少。为什么？因为目的不明确。所以，我们要明确观察的目的。

第三，掌握观察的方法

要有效地进行观察，提高观察能力，掌握良好的观察方法是非常重要的，下面为您提供一些不同的观察方法。

一是自然观察和实验观察。自然观察是在自然条件下进行的。比如，在大自然中实地观察动物的生活习性，植物的生长规律等。实验观察是在实验室条件下进行的。比如，在学习物理、化学时，在实验操作的过程中，观察那些具体的物理现象或化学变化。

二是长期观察和定期观察。长期观察是对某些事物或现象，进行长期的系统的观察。比如，观察儿童成长过程中的身心特点就需要长期观察。定期观察则是对某些事物或现象，在短期内进行预定的观察。比如，学习天文知识，观察某一次日食或月食现象。

三是全面观察和重点观察。全面观察是对某一事物的一切方面进行观察，以便对这一事物有个全面的彻底的了解。重点观察是按照某种特殊的目的和要求，只对被观察事物的某一个或某几个方面作特别细致的观察，以便对其有更加深入的了解。

四是直接观察和间接观察。直接观察是亲自动手进行观察，以取得可靠的第一手资料。间接观察是利用别人观察所得的材料进行分析、研究、归纳和概括，做出相应的科学结论。

五是解剖观察和对比观察。解剖观察是把被观察对象的各种特性、各个方面或各个组成部分，逐一分解开来，认真进行观察。这样的观察，可以使我们对事物了解得更加精确。比如观察圆柱体：

它是什么形状？有几个底面？底面是什么形状？有几个侧面？侧面展开是什么形状？两个底面之间距离是否相等？通过解剖观察后，就能掌握圆柱的主要特征：圆柱的底面是相等的圆，它的侧面展开是一个长方形。对比观察是把两个或几个大同小异或小同大异的事物，加以对照比较，进行认真观察，以获得清晰的印象。比如对比观察长方形和正方形：它们的相同点是都有四条边，四个角都是直角；不同的是正方形的四条边相等，而长方形只有对边相等；当长方形的长和宽相等时，长方形就变成了正方形。通过这样的观察之后，我们就不仅了解了长方形和正方形的异同，而且也掌握了它们各自的特征。

观察的时候，还需要注意一定的顺序。比如，由上向下，由左向右，由外向里，由整体到细节，由主要的明显特征到次要的不明显的特征，等等。

此外，还有一种叫做边缘视觉法的观察方法。

说起边缘视觉，其实大家并不陌生。比如，有人从一大堆名单中可能一下子就会找到自己的名字；有人可以知道从自己身边飞驰而过的汽车的品牌、车型及其他一些细节特征。也就是说，观察者对于自己感兴趣的事物特别敏感，而且，也善于观察到别人容易忽略的某些特征。这就是边缘视觉的作用。

在人的中央视觉区的外缘，有一块很大却没有被很好利用的视觉区域，这个区域就是边缘视觉。对于边缘视觉的开发和训练，可以大大提高视觉的感受范围，对提高观察的完整性和准确性很有帮助。为此，我们可进行“边缘视觉法”的训练。训练方法是：先保持固定的目光聚焦，凝视正前方，同时用“余光”观察四周。开始可能无法自如地控制“余光”，而且范围较窄。随着有意识地锻炼，用眼睛“余光”看东西的清晰度和范围都会增加。这种方法训练的就是边缘视觉。

第四，观察要全面

大家都知道，《战争与和平》是俄国作家托尔斯泰的代表作。这部作品以史诗般的文字给读者留下深刻的印象，成为世界文学史上不朽的名著。可是你知道吗？在创作这部作品时，当写到俄法双方在鲍罗京诺会战时，托尔斯泰总感到描写得很抽象，不具体。整整几天也没有什么进展，最后托尔斯泰长叹一声：“关在屋子里是不行的，我要去战场上考察一番。”

托尔斯泰果然就跑到鲍罗京诺去了。他仔细地巡视着整个遗迹，把它的地形地貌牢牢地记在心里，还按照实物绘制了一份地图，画上河流、道路、房屋。另外，他还把当时双方军队的运动情况，太阳的方位等有关的情况，都用特别的符号标在图上。经过这次实地调查，特别是绘制了这张反映战争的地图之后，托尔斯泰心里有底了。回到家后，他把自己现场调查的鲜明印象，与文献上记载的情况相对照，反复研究，直到对这场战争有了了解。于是，他把原来写的那段文字全部删去了，重新写。这一次，不仅写得气势恢弘，场面壮观，而且生动具体，色调明朗。

由此，我们不难看出全面观察的重要。可以说，没有托尔斯泰的全面观察，就没有《战争与和平》这部经典著作。

全面的观察，应当是对事物每个必不可少的方面的观察。其中，那些明显的方面自然比较容易被观察到，重要的是，我们对那些隐秘的，或在运动变化中转瞬即逝的方面也要留意观察，否则，便有可能遗漏某些重要的现象和特征，导致观察的片面，以致不能作出正确的分析。

为了达到全面观察的效果，我们还要调动多种感官协同活动。观察，绝不等于单纯用眼看，有时候还要用耳听，用手触，等等。所以，我们应尽可能让多种感官来参与观察活动。

第五，观察要深入

走马观花式的观察，显然难以捕捉观察对象真实的特征。很多时候，只有在深入甚至长期的观察中，才能观察到那些貌似无关紧要，却与事物的本质有千丝万缕联系的细枝末节。

鲁迅先生写《阿Q正传》时，写到阿Q赌钱的时候写不下去了，因为鲁迅不会赌钱。于是，他请了一个叫王鹤照的人来表演。这个人十分熟悉绍兴的平民生活，他把自己了解的赌牌时的情景，绘声绘色地讲给鲁迅先生听，高兴之处还哼起了赌钱时人们惯唱的小曲儿。鲁迅先生像学生听老师讲课一样，认真地做着记录。到后来再动手写作时，鲁迅先生就把这些素材融进了作品。这样，阿Q赌钱时的生动场面才呈现在了读者面前。

第六，观察要准确

事物总是有普遍性和特殊性两个方面的属性，特殊性是一种事物区别于其他事物的地方。只有捕捉到事物的特殊性，才能准确地把握这个事物区别于另一事物的特点。

一次，一位友人去看望齐白石，这位友人进门就发现白石先生的案头上摆着一个大海碗，老人正趴在碗旁仔细观看。走近一看，原来是碗里养着几只鲜活的小虾，此刻小虾们正在进行一场“短兵相接”的战斗。开始小虾们两军对垒，缓缓游动，仿佛都在寻找对方的突破口。突然，它们举起双钳，扑上去勇猛格斗起来，厮杀得难分难解。白石老人看得十分入神，竟没有发现友人的到来。友人笑着问：怎么忽然有兴趣养虾了？白石先生才讲出其中原委。原来，以前他画的虾，变化不多，长须也都是平摆着。养虾，可以随时观察虾的形态特征。他发现虾在破水冲跃时，是双钳闭合，躯干伸展，长须甩于身后；虾在轻浮漫游时，则是双钳弯曲，长须缓缓摆动的。正是由于把握了虾的这些形态特点，所以后来白石老人所画的虾，虽然寥寥数笔，但却十分生动传神。

齐白石先生画虾的故事，说明观察之中一个十分要紧的方面，就是要准确地把握事物的特点。

第七，观察要结合理解

观察与思维活动密切联系着。关于这一点，我们可以看下面的故事。

一天，弗莱明教授像往常一样细心地观察培养细菌的玻璃罐。“唉，罐里的细菌又被霉菌污染了。”弗莱明皱了皱眉头，霉菌进入了培养基就意味着细菌培养的失败。可是，他忽然发现在绿色霉菌的周围，葡萄球菌停止了生长。弗莱明没有忽略这个细节。经过思考，他认为这可能是人类征服细菌的开始。后来的实验终于证明，他的判断是正确的，这种绿色霉菌含有抑制和杀灭细菌的成分。这种成分，后来被他命名为今天人们所熟知的“青霉素”。青霉素的发现，使人类从死神手中夺回了更多的生命。

为什么弗莱明发现了青霉素而别人没有发现呢？是他的运气好？在他之前，我们假设也有细心的人观察到类似的现象，但是，如果仅仅是停留在观察层面上，而没有深入地思考出现这种情况的内在原因，那也不会有对青霉素的发现。弗莱明之所以能够发现青霉素，就是因为他在认真观察的同时，还在进行积极的思考。

观察与思维的关系十分密切。真正有效的观察，必然是观察中有思考、有分析。

第八，观察要客观

观察中的差错往往出自两种原因：一是错觉。比如，光在水、玻璃及热空气中折射会使人们产生视觉上的错误。二是我们容易无意识地根据过去的经历和知识填补空白。比如，在电影中强盗举起了刀，又往下一刺，虽然观众并没有看到强盗的刀子插入被害者的身体，但看到一个人倒在血泊中，就认为被害者是强盗杀的。我们的观察必须尊重客观事实。尊重客观的观察结果，就是培养我们对事物本来面目的尊重，养成使主观愿望服从于客观证据的习惯。英国生物学家赫胥黎说："我要做的是，我的愿望符合事实，而不是试图让事实与我的愿望调和。"

英国有一位乡村医生名叫詹纳，他对动物的生活习性很感兴趣，他通过仔细观察，记录了各种鸟做巢的秘密。他听说杜鹃鸟从不自己做巢，而是在别的鸟巢中下蛋，由别的鸟喂养自己的子女，并且母杜鹃还将"养父母"的"亲生孩子"残忍地撵走，以保证小杜鹃健康长大。于是，詹纳便决心对杜鹃鸟的习性进行观察。

他发现，杜鹃确实在别的鸟巢里下蛋，并由那些巢主代喂其子女。与此同时，他也发现了一个现象：当巢主夫妇都出去打食，它们窝里的幼鸟也全都睡着时，杜鹃幼鸟便开始活动起来。杜鹃幼鸟低下大脑袋，抵着窝底，开始往后退，退呀退呀，它的屁股拱着了窝里的一只主人的幼鸟，它就把屁股往那只幼鸟的身子底下拱，又把两只光秃秃的翅膀向后弯，向后夹，终于连拱带夹地把那只幼鸟挪到自己的背上，然后吃力地往窝边上挪动，一直挪到窝边上，再用脑袋和两只脚撑着窝底，用力把身子往上抬，越抬越高，再猛地一使劲，屁股一掀，就把背上的鸟给甩到窝外面去了！杜鹃的秘密终于被揭开了——杜鹃鸟不做窝，不孵蛋，也不喂养幼鸟，而且幼鸟还无情地对待“养父母”的“子女”！

但是，英国皇家学会的博物学家们，无论如何不相信刚孵出的杜鹃鸟能将窝里的其他小鸟拱出去，因为这与人们的主观经验不符合。于是，詹纳继续观察，收集了大量照片等资料，最终使人们确信了上述事实。

我们在进行观察时，一要尊重事实，特别是重视那些与预想有出入的事实，这些东西往往能够引发创新和重要的发现；二要相信事实，敢于用事实修正理论，而不要受现成的结论的影响；三是发现异常现象，要立即去搜寻其产生的原因以及其与其他事物和现象的联系，以免错失良机，追悔莫及。

注意力是成功的关键所在

注意力，是指人的心理活动指向和集中于某种事物的能力，它影响着思维的深度和广度。科学史上的巨人大都特别能集中注意力。奥托弗里希回忆说："爱因斯坦特别能集中注意力，我确信那是他成功的真正秘诀：他可以连续数小时以我们大多数人一次只能坚持几秒钟的程度完全集中注意力。"这句话很精彩，它指出了优秀科学家与一般人的不同之处，清楚地揭示了注意力是成功的关键所在。

爱因斯坦25岁生日那天，他的朋友知道他早就想尝尝美味的鱼子酱，于是买了鱼子酱作为礼物送给他。爱因斯坦一边吃一边兴致勃勃地与朋友谈论着白炽灯。正当谈论进行得最热烈的时候，鱼子酱上来了，爱因斯坦一边讲灯丝的材料，一边把鱼子酱送进了嘴里。吃完后朋友问爱因斯坦："你知道吃的是什么吗？""是什么啊？"爱因斯坦问。"鱼子酱呀！""啊？是鱼子酱啊？"爱因斯坦不好意思地叫道。

爱因斯坦就是因为把注意力完全集中在讨论问题上，因此吃了鱼子酱也不知道。

集中注意力是我们取得成功必不可少的素质。那么，提高注意力的方法有哪些呢？

第一，运用积极目标的力量

这种方法的含义是什么？就是当你给自己设定了一个要自觉提高注意力的目标时，你就会发现，你在非常短的时间内，集中注意力的能力有了迅速的提高。

做事情，能够迅速进入状态、不受干扰是非常重要的。学会在需要的任何时候将自己的注意力集中起来，是取得成功的重要条件。培养这种能力的一个方法，就是要有这样的目标。

第二，要有对专心素质的自信

千万不要受自己和他人的不良暗示。对于绝大多数人来说，只要相信自己可以具备集中注意力的能力，就多了一分具备这种能力的可能。

第三，善于排除干扰

一位心理学家做过实验。将被试者分为三组，第一、二组在同样音响的环境中做数学运算，第三组则在安静的环境里做同样的运算。实验前，他告诉第一组，音响会使工作效率降低，而告诉第二组音响会使效率提高。结果，第一组真的效率降低，而第二组不受影响，与第三组成绩相仿。

这个实验表明，心理因素的作用往往比噪声本身更大。所以要克服心理性噪声对学习、工作的干扰，就必须明白噪声不会有什么妨碍，不必去理会它。这样你的急躁情绪就会减少，你就能逐渐安静下来。

同时,我们必须了解自己学习、工作的效率通常在什么时候最高,并据此规划时间。我们每个人都有自己的生物钟，在一天中的某些特定时间做事效率最高。

还有些更微妙的敌人，包括突然很想把房间里的所有铅笔削一削，或者把整个房间打扫一遍。这其实是一种想尽办法避免做自己本应做的事的心理。这时，你可以适当休息一下，或者和自己合作，静下心来继续做应做的事。

此外，我们错误的理念经常会干扰我们。有人嘴里说该休息了，可眼睛却依然盯着书本不放，这是最无效的休息方式。该休息时便完全放松休息，对于恢复体力最有效。如果将学习、工作的余波带入休息时间，休息的真正效果便无法完全发挥了。

休息并不需要太长的时间，只要做到在休息时真正完全地休息，就算达到了休息的目的，即休息是为了走更长远的路。

当你在学习、工作中进入精神专注的状态后，便能获得较高的效率。进入这种状态的方法很多，其中之一就是提高对眼前事务的关注，集中你的注意力。全神贯注能使我们暂时抛弃身边的烦恼与杂念，引导我们进入愉快、正面的心情，同时降低我们对事物的恐惧与焦虑,使我们产生更积极、幸福的感觉,也就是启动了良性循环。

第四，尝试集中注意力的小窍门

一是如果你对即将要完成的学习或工作缺乏兴趣，可以给自己设立一个“期限”。一般人做事，以刚开始与快结束时效率最高，在两者之间，将会出现效率降低、注意力涣散的现象，心理学上称之为“中间松懈”，要保持注意力，可以像马拉松选手一样，设立中间站，而在“中间站”的休息调整时间不能太长也不能太短，否则会带来反效果。

二是利用奖励机制。把繁重的工作分成几段，每达成一个阶段目标都给自己一定的奖励，这对集中注意力有一定帮助。

三是摘要重点。日本的武见太郎先生在学生时代，经常比教授先读完教材，而他阅读的方法与众不同——先挑页数少的读，在读完一本书后，一定整理归纳书中的问题与重点，将精华摘录下来，因此他的读书效率相当高。

四是善于用心理因素集中注意力。首先，利用积极的自我暗示。常持乐观的看法，是去除杂念、集中注意力不可缺少的要素。相信明天一定有好事，即使当天情绪低落，运气很差。其次，把没处理的杂事，记在备忘录上，则心理上就会感到轻松。再次，暂时抛开人际关系可提高注意力。要想高效率地完成工作、学习，必须有属于自己的时间，而不要单纯只为别人活着。最后，摒弃依赖心理，方能全力以赴。自己能够独立做的事，一定要自己去做，如果你在做某件事时，总想着一定会有人来帮忙的话，就不会尽全力去完成它，也就不会有效率可言。此外，在学习、工作之前做好各种准备，将有助于缓解紧张情绪、排除杂念、集中精神；先做喜欢的事情并彻底做完，则对讨厌的事情也容易集中精神。

记忆力是智力活动的基础

记忆力，是识记、保持、再认识和重现客观事物所反映的内容和经验的能力。记忆是指经历过的事物在头脑中经“识记”、“保持”和“再现”的心理过程。

记忆的第一阶段，是通过感觉器官将得到的信息保留在脑中，称为“识记”过程；第二阶段是把保留在脑中的信息加以记忆保存，称为“保持”过程；第三阶段，就是当需要时，能把需要的信息回忆出来，称为“再现”过程。如不能完成这三个阶段，就不会有真正的记忆。记忆的三个阶段犹如照相的整个过程一样，首先对客观事物“拍摄”，再把“胶卷保存”，而后“显影”。

在学习过程中，要想提高自己的记忆能力，必须重视“识记”、“保持”、“再现”的过程。然而，这一切不经过自觉的、有意识的刻苦训练是不能掌握的。

在“再现”阶段，大脑中虽有遗留信息存在，但有的信息却被忘得一干二净，这即是遗忘。实验告诉我们，在“识记”的最初时间，人们识记事物 20 分钟以后就遗忘 41.8%，一天以后遗忘 66.3%，六天以后遗忘 74.5%，针对这一遗忘规律，我们在学习时一定要及时复习，予以巩固。对所学知识，尽力当堂消化，当天消化。对老师新授知识应及时复习，课后做到先复习后作业，以达到减少遗忘、强化知识的目的。

但是，复习并不是把所学的内容进行简单的机械重复。简单的机械重复容易引起大脑的疲劳，产生消极情绪，使我们提不起学习兴趣。复习本身必须是一个积极主动地接受知识的过程。由于我们学过的东西并不都是被以同等速度识记和遗忘的，因此，总是按固定的次序从头到尾复习是不必要的。我们应当有重点地去复习那些难记忆和易遗忘的东西，而且要采取多种多样的方法。

衡量一个人的记忆水平，一般有以下指标：

一是记忆的敏捷性，即记忆的速度。不同的人对同一件事的记忆速度是很不相同的。同样识记一篇课文，有的人读两遍就能记住，即所谓“过目成诵”，而有的人读若干遍还难以记住。

二是记忆的持久性，即记忆保持的时间长度。有的人对于某种事物的识记能够终生不忘。我国著名的桥梁专家茅以升 19 岁读大学二年级时能够记住圆周率小数点以后的 100 位数字，时隔六十多年，记忆起来仍然无误。

三是记忆的准确性，即把识记的东西准确无误地再现出来。这是记忆指标中最核心最关键的部分，离开了记忆的准确性，即使记忆的其他指标都非常好，也没有多大的价值。

四是记忆的准备性，即从大脑中提取信息应用于实际。这正像从银行中提取存款一样，既可以零存整取，也可以整存整取。我们平时所说的“对答如流”、“出口成章”、“一挥而就”、“下笔千言”等，就是指某些人在记忆准备性方面能够得心应手。

一个人的记忆不是天生固定不变的。良好的记忆力，主要是通过后天的训练培养而获得的。提高记忆力的方法与途径比较多，下面为你介绍几种。

第一，要有记住的紧迫感

记忆在人们的工作学习中起着重大的作用，我们每天的工作、学习都离不开记忆功能。如果某一天，我们的记忆突然全部丧失，不认识亲朋好友，不认识任何文字和图样，把一切忘得一干二净，那样，即使生活下去，也会缺少意义。在记忆的基础上，我们丰富了自己的知识，体验了复杂的人生，形成了自己独特的心理特征。

陈景润在中学读书的时候，有一次化学老师要求学生把一本书背下来，同学们都说困难，他却说："这点很容易，怕什么？"果然没过多久，他就把书背完了。此例说明陈景润有记住知识的紧迫感，既有"一定要记住"的决心，又有"一定能记住"的信心，结果通过努力学习，达到了记住的目的。

明确记忆的目标对记忆有着极为重要的作用。当一个人有了明确的记忆目标，其记忆活动就会集中在主要的记忆对象上，并且会采取各种各样的方式和方法去实现记忆。相反，若是记忆的对象模糊不清，那就如同在迷雾中开枪一样，击不中靶，把记忆的能量扩散了。因此，我们对那些必须记住的材料，一定要给自己提出明确的记忆目标。只要我们具有一定要记住的信心，就会更容易记住我们希望记忆的内容。

第二，充分理解是提高记忆能力之关键

理解基础上的记忆叫“意义记忆”；一遍又一遍重复基础上的记忆叫“机械记忆”。实验证明，一个人用机械记忆的方法记36个没有意义的章节,需重复54次才能记住；而记6首包括480个音节的诗，只需要重复8次就能记住。可见“意义记忆”与“机械记忆”相比，理解可大大提高记忆效率。

怎样进行意义记忆呢？可以从以下几个方面入手：

一是弄懂新学知识的实质，对新学知识进行组织加工，并把它纳入已有的知识系统中。吸取知识是“聚沙成塔”的过程，倘若不进行组织加工，沙粒再多也是一盘散沙。要使记忆的东西保持长久，必须对新学的知识进行整理，归入已有的知识系统中。这如同家中的藏书，按不同类别存放，才便于查找；若乱七八糟地堆起来，就很难找到所需要的书。

知识的组织加工通常用分组归类法。分组归类就是把记忆的东西分成若干组。比如，进到某一房间，可以看到钢笔、笔记本、记录纸、啤酒瓶、墨水、茶碗、圆珠笔、杯子、书、报纸，要把这些东西记忆下来，可以先把“钢笔、圆珠笔、墨水”归为文具类；然后把“笔记本、书、记录纸、报纸”分为纸张类；最后把“茶碗、杯子、啤酒瓶”归为装水的容器类。

分类的标准多种多样，就物品而言，可以按材料、大小、颜色、重量等分类；就人物而言，可以按性别、年龄、出生地、学历等情况分类。运用分组归类法时要注意，为了便于记忆，分成的组数要得当。分成的组太多，记忆起来就费劲，组太少，组内的个数就会相应增多。每组的个数相差太多也不好记忆。分类时，往往会有不好归于哪一类的几件特别的东西。在这种情况下，这几件东西可成为一个小组。

二是对学习中似是而非、容易混淆的知识，加以研究比较，以帮助自己理解。俗话说，“有比较才有鉴别”。比较，是认识事物、辨别事物的必由之路。通过比较才能找出知识之间的相似性与差异性，使我们对新学的知识掌握得更准确、更牢固。

三是对学习中没有明显意义的学习材料，要尽量利用人为的理解方法去记忆。所谓人为的理解方法就是充分发挥联想的作用，尽可能建立各种联系和线索，将一些无意义的材料与已有的知识联系起来，使其成为整个知识体系中的一部分，从而增加对这些事物的记忆。如：日本富士山的高度为12365英尺（约3769米），可以记为“一年的月份和天数”。

四是学以致用。知识的掌握包括三个环节：理解、巩固和运用。知识的理解、巩固是运用的前提，而知识的运用又使知识的理解和巩固得到发展。

第三，分散记忆法

要记住所学知识，通常有集中记忆法和分散记忆法两种。集中记忆法指在同一时间内不停歇地反复学习，直到记住为止；而分散记忆法则是把学习时间分散开来学习，直到记住为止。实践证明分散记忆法要比集中记忆法效果好。比如记一篇短文若集中时间连续背诵需用 30 分钟；若采用分散记忆法每天读两遍，背诵时间可大大缩短。

在分散记忆时，人的大脑神经细胞可得到适当休息；反之，老是重复背诵同一材料，极易引起大脑疲劳。当然分散应有限度，也不是说越分散越好，过短的材料则宜于用集中记忆法。

第四，系统记忆法

众所周知，零碎的珠子很容易丢失，如果用一根线把珠子穿起来，提起线头就可以带起一大串。记忆也是如此，零碎的知识点，零碎的定理、公式容易忘却，如果把它们系统化、条理化，就会在脑海中留下深刻的印象，不易遗忘。

把知识系统化，首先要抓住某部分的重点知识，重点知识作为大树的主干，次一点的作为支干，而知识点作为树叶。主干和支干就好比连接各部分知识的“线”，抓住了线头就会使各部分知识印在脑海中。归纳知识结构，往往采用列表的方法，这种方法简明系统，便于记忆。

还有一种方法是人为地编故事，将各部分知识串起来，达到牢记的目的。如记忆我国杰出的作家老舍的主要作品可这样串起来：“四世同堂”的老舍与“祥子”一起骑着“骆驼”，经“龙须沟”到

“茶馆”里与朋友们畅谈“济南的冬天”的雪景。这就很容易把老舍的《四世同堂》、《骆驼祥子》、《龙须沟》、《茶馆》、《济南的冬天》等主要作品记住了。

第五，尝试回忆法

我们在阅读、背诵知识的过程中，往往有两种方法：一种是低着头枯燥乏味地反复诵读，这样不仅不能使大脑皮层处于兴奋状态，反而会使它转为抑制状态，降低记忆效果；另一种则是回忆法记忆，做到“俯而读，仰而思”。在背记过程中不断地自己“考”自己，即自我复述或自我默写。这是一种多快好省的记忆方法，记忆效率比较高。

在这种方法中，阅读和背诵的比例应是多少呢？有心理学家认为，最好的比例是百分之二十的阅读，百分之八十的背诵。一般说来，学习材料的难易程度不同，背诵记忆的要求也不同，应该根据情况，灵活运用。

第六，歌诀记忆法

有心理学实验证明：一般人记忆 10 个无意义、无韵律的字要背诵 23 遍才能记住，而记忆 10 个无意义有韵律的字，只用 14 遍就可全部记住。

实践经验也证明：有节奏、有韵律的材料比没有节奏和韵律的材料好记得多。歌诀具有语言和谐押韵、节奏有序、便于上口的优点，因而将材料编成歌诀便于记忆。

此外，也可以用图形、图表等帮助自己“硬记”。这些东西使人一目了然，容易记忆。

第七，记忆链记忆法

这是美国最受推崇的哈利·罗莱因先生的记忆方法。他的《惊人的记忆力》一书，曾在 1975 年引起轰动。

这种记忆方法的基本原理是：假设有必须记忆的 A、B、C、D、E 几个事，可首先在 A 与 B 间联想，然后，再在 B 与 C 间联想……这样依次联想下去，只要想起 A，就会产生连锁反应，所应记忆的几件事便都能回忆起来。如俄国十月革命发生在 1917 年，十月革命一声炮响，给我们送来了马克思列宁主义，于是两年之后 1919 年中国爆发了五四运动，又是一个两年后，1921 年诞生了中国共产党。可说是采用了记忆链法。

利用记忆链法甚至可以记住几件毫无关系的事情：飞机、树、象、篮球、鼻子、水桶等，逐个记忆不是件简单的事。若通过记忆链的联想方法，则容易记牢。最好利用离奇的联想方式，可以这样联想：巨大的“树”犹如一架“飞机”在空中飞翔；一头大“象”在“树”下悠然自得地玩耍；大“象”用“鼻子”挑起了“水桶”；“水桶”碰了“篮球”，篮球便滚动起来。通过这样联想，就把六件事物联系起来，令人难以忘却。

第八，运用多种感官协同记忆法

常言道："耳闻不如目见，目见不如口说，口说不如手写。"这说明各种感官在吸收知识方面有很大差异。实践证明，运用多种感官协同记忆，可大大提高记忆效率。

学习知识一定要做到五到：眼到、手到、口到、耳到、心到。使眼、手、口、耳、心同时参与学习过程，这样既能加深理解，又能提高记忆能力。

第九，选择记忆法

在开始记忆之前，先想一想，哪些是以后有用的，哪些是无用的，对那些不必要的内容可以舍弃在一边，就是说要从杂乱无章的信息中，把真正对自己有用的信息尽快地、准确无误地筛选出来加以记忆。下一步，是将必须记忆的事项，按性质进行分类、归纳、编组。以后，只要回想某一组事物，也就能较容易地把其中某一项回忆起来。若把编成一组的事物再编写成小短文或小故事，效果就会更好。

成功取决于正确的思维方式

思维是人脑对客观事物间接的、概括的反映能力。当人们在学会观察事物之后，他逐渐会把各种不同的物品、事件、经验分类归纳，不同的类型他都能通过思维进行概括。

在现实生活中，我们常会思考这样一个问题：为什么努力不一定会成功？其实，成功者与失败者的差距往往只有一点点，那就是成功者做事情的成功率比失败者高，而正是这一点，使成功者在关键问题上、关键时刻走在了众多人的前面。

20世纪50年代，有一位女游泳选手，她渴望成为世界上第一个横渡英吉利海峡的人。为了达成这一目标，她不断地进行练习。

这一天终于来临了，女选手在众多媒体记者的注视下，满怀信心地跃入大海，朝目标方向前进。

刚开始时，天气状况良好，女选手很顺利地向目标挺进。但是随着越来越接近英国海岸，海上起了浓雾，而且越来越浓，几乎已到了伸手不见五指的程度。

女选手处在茫茫大海中，完全失去了方向感，她不晓得到底还有多远才能上岸。

她越游越心慌，感到自己已经筋疲力尽，于是宣布放弃。

当救生艇将她救起时，她才遗憾地发现只要再游一百多米就到岸边了。

众人都为她惋惜，她距离成功实在太近了。

女选手面对着众多媒体，沉重地说："不是我为自己找借口，如果我知道距离目标只剩一百多米，我一定可以坚持到底，实现目标。”

也许这位女选手再坚持一点点就能取得成功了，但问题是她没能坚持下去。世界上没有绝对的成功与失败，只有相对的坚持与放弃。坚持很可能带人走向成功，而放弃带来的则是失败。爱迪生做实验时虽然失败了多次，但他依然坚持不懈，终于成功发明了电灯；达·芬奇小时候，每天都画鸡蛋以获得绘画技巧的提高……

史泰龙，是众所周知的电影巨星，但他的人生经历并不是一帆风顺的。他出生在一个“嗜酒嗜赌”的暴力家庭，由于家庭原因他很早就退学了，这使他在找工作的道路上遭遇了很多打击，但是他没有灰心，只身来到好莱坞，希望找到一些能使自己成为演员的机会。但是他一次次的毛遂自荐换来的仍然是一次次冰冷的拒绝。为了养活自己，史泰龙就在好莱坞先找了一份与演戏无关的工作。

后来，史泰龙终于有机会做了一名编剧，并开始写剧本。一年后他的剧本完成，渴望成功的史泰龙抱着剧本四处寻找愿意与他合作的导演。大多数导演都看中了他的剧本，但是他们都拒绝让史泰龙担任男主角。

一次次失败，一次次打击之后，史泰龙仍然没有放弃，他仍艰难地尝试。这时，一个曾经拒绝过他二十多次的导演终于被他顽强的毅力所打动，答应给他一次机会。经历无数失败和挫折后，史泰龙终于走上了银幕，并一炮走红，踏上了巨星之路。

生活的悲剧性，不在于一个人输了，而在于这个人差一点就赢了。要取得成功其实有一条简单的路径——面对挫折与打击，百折不挠，不抛弃，不放弃。试想，如果史泰龙在成功之前放弃努力，那么他将是一个永远不为人们所知的失败者，而坚持将他送上了成功之路。

上面的例子启示我们，在成功之前，矫正自己的思维方式至关重要，那些具备正面思维的人，骨子里有一种永不放弃、永不言败的精神，也正是这种精神促成了他们的成功与辉煌。就像《羊皮卷》中的阐述：生命的奖赏远在旅途终点，而非起点附近。我不知道要走多少步才能达到目标，踏上第一千步的时候，仍然可能遭到失败。但成功就藏在拐角后面，除非拐了弯，我永远不知道还有多远。

如此看来，正确的思维方式能够引导正确的行动。下面为你介绍几种有助于成功的思维方式。

第一，全面思维

全面思维是指强调各方面协调发展的思维。我们在生活中常说：有的人只考虑眼前，做事情顾头不顾尾等，就是说一个人缺少全面思维。我们无论是规划人生，还是做一个项目，处理一件事情，都需要以全面思维来考虑，这样才能少出漏洞，减少风险。

在处理事物时，特别是在处理重大问题上，我们一定要克服片面思维，学会以全面思维进行思考，从而对事物做出客观的判断，进而做出正确的抉择。

第二，逆向思维

逆向思维就是对事物或观点反过来思考的一种思维方式。敢于“反其道而思之”，从问题的相反方向深入地进行分析、评估、探索，克服人们习惯于沿着事物发展的正方向去思考问题并寻求解决办法的习惯。

电磁感应定律的产生是一个典型逆向思维的例子。1820 年丹麦物理学家奥斯特发现电流的磁效应。这一发现吸引了许多人。英国物理学家法拉第怀着极大的兴趣重复了奥斯特的实验。果然，只要导线通上电流，导线附近的磁针立即会发生偏转，他深深地被这种奇异现象所吸引。

法拉第认为电和磁之间必然存在联系并且能相互转化。他想既然电能产生磁场，那么磁场也能产生电。为了使这种设想能够实现，他开始做磁产生电的实验。

经过多年的不懈努力，法拉第于 1831 年提出了著名的电磁感应定律。这个定律深刻地改变了我们的生活。

我们在经营活动中常说：“要站在客户的角度考虑问题”，这也是逆向思维的经典应用。坚持逆向思维有四大优势：一是常规思维难以解决的问题，通过逆向思维却可能轻松破解。二是逆向思维能帮助你独辟蹊径，在别人没有注意到的地方有所发现，有所建树，从而制胜于出人意料。三是逆向思维能使你从多种解决问题的方法中寻求最佳方法和途径。四是逆向思维可以使复杂问题简单化，从而使办事效率成倍提高。

第三，融入思维

融入思维是生活中的一种常用思维方式，是指在处理事务、问题时充分考虑别人的感受。

融入思维能使我们更好地处理人际关系。良好的人际关系是取得成功的重要条件，著名成功学大师卡耐基说："成功等于百分之八十五的人际技能加上百分之十五的专业技能。"可见，人际关系在人生中的重要作用。在成功人士中流行着这样一句话："你认识的人的圈子有多大，你的势力就会有多大。"

生活中，我们在考虑与处理问题时，常犯的错误就是以自我为中心，很少考虑其他人的感受，这会使我们做事时难以得到更多人的认同与支持，因而缺少合力，最终造成事情失败或人心背离，这也是某些人朋友少，很孤独的重要原因。

让你朋友多多，受人欢迎的最直接方法就是常用融入思维。

注重思维方式的培养，对于事业成功，家庭和睦都有着非常重要的作用，所以，我们在工作和生活中要时刻注意培养自己养成良好的思维方式。

想象力是成功的翅膀

想象力，是人在已有形象认知的基础上，在头脑中创造出新形象的能力。想象力是人类草拟所有计划的基础。爱因斯坦曾说："想象力比知识更重要，因为知识是有限的，而想象力凝聚着世界上的一切，推动着进步且是知识进步的源泉。"

人可以利用想象设计不同的目标，依据目标达到成功。想象在人的社会实践中具有巨大的推动作用。想象在人的智力活动中起着重要的作用。没有想象，人类的思维难以拓展。没有想象，世界将如一潭死水。

许多成功者都曾自觉或不自觉地运用想象力来完善自我，获得成功。

世界旅馆业巨头康拉德·希尔顿在拥有一家旅馆之前，就想象自己在经营旅馆。他还是个孩子的时候，就常"扮演"旅馆经理的角色。成功后的希尔顿将他的连锁店发展到世界各地，成为享誉全球的旅馆业大王。

迪士尼的动画设计师在头脑中构思栩栩如生的动画形象，需要想象力；建筑师设计产品时，在头脑中想象建筑的外观以及内部结构，需要想象力；《哈里·波特》的作者在动笔写小说前在头脑中虚构并未发生的故事情节，需要想象力；音乐家作曲时，在头脑中不断地将音符进行组合，直到形成一段美妙的旋律，需要想象力；画家创作时，在头脑中考虑各种色彩的搭配，考虑图画中各个景物的布局，也需要想象力。

有人抱怨自己天生就不具有丰富的想象力，其实每个人都具有一定的想象力，但要使之丰富，就需注意培养。在培养想象力的过程中，应遵循下面的原则。

第一个原则：学会模仿

培养想象力，模仿往往是第一步。正如我们先一笔一画地临摹钢笔字帖，天长日久就可以写出漂亮的钢笔字来。其实，模仿本身就是一种“再造想象”，你模仿得越像，越说明你的再造想象能力强。模仿的过程就是你抓住事物之间的外部和内部特点的联系的过程。所以，模仿绝不等同于抄袭，而是把过去经历的东西通过头脑再现出来，这种再现过程就是一种想象。古今中外，许多有成就的人物都是从模仿前人开始的，然后再加以创新，逐渐走出自己的路来。

第二个原则：尽可能地博览群书

马克思为写《资本论》，花了四十年的时间翻阅了大量的资料。伟大的发明家爱迪生，从小勤奋好学，11 岁时就阅读了科学百科全书，以后又大量阅读了牛顿、法拉第等人的许多著作，积累了丰富的科学知识，这些都为他以后的科学发明打下了坚实的基础。

一个人所掌握的知识，有助于他的想象力的展开。随着现代科学的发展，社会各部门的分工越来越细，社会各知识领域的联系和交流为人类拓展想象空间打开了前所未有的广阔天地。

第三个原则：注意提高自己的文学艺术修养

诗人和画家常被认为是最富有想象力的人。不错，正是他们通过丰富的想象力，为我们描绘了一幅幅形象生动的生活场景。所以向文学艺术家学习想象力是非常有益的。很多人都强调文学艺术修养对培养想象力的重要价值。苏联心理学家捷普洛夫说："阅读文艺作品——这是想象的最好学校，这是培养想象的最有力的手段。"

第四个原则：勤于观察、善于观察

一个人观察能力的强弱直接影响到他的想象力。那些伟大的文学家就是在不懈的观察中悟出事物的特性和本质联系，从而"想象"出一个又一个艺术形象。这里所说的观察绝不仅仅是观察本身，在观察的过程中还要勤于思考，并进行尽可能多的实践活动。人类丰富的创造想象是靠不断观察、积累，靠对事物执著的探究精神培养起来的。

第五个原则：注意培养多方面的爱好

广泛的爱好和兴趣可以使人思路开阔，想象也就有了广阔的天地。世界是复杂多样且彼此相关的，拥有多方面的爱好有助于各种知识互相补充。我们在生活中常会遇到这样的情况：思考一个问题时，从一方面百思不得其解，换一个角度也许马上会豁然开朗。多方面的爱好对想象力的作用，也是这个道理。

第六个原则：保持饱满的热情

热情是进行想象活动的直接动力。捷普洛夫说："一个人的想象活动与其情绪是紧密地联系着的。"生活中，人们往往在情绪激动时闪烁出智慧的火花。青年人比老年人更富于想象力的原因，正是在于青年人旺盛的热情和情绪容易激动的特点。

据说，人在情绪低落时的想象能力只有平常的二分之一甚至更少，这时人们主观上根本就不愿去多想。对于这点，文学艺术家们都有切身体会。诗人在心潮澎湃、感情激烈时更容易驰骋于想象，写出感人肺腑的诗篇。有的作家在总结写作体会时说：我的作品之所以能感动读者，是因为我的作品首先感动了我自己。所以丰富的想象是和饱满的情绪分不开的。

总之，学会模仿、博览群书、提高文学艺术修养、勤于观察、培养多方面的爱好、保持饱满的热情，都可培养我们的想象力。

判断力是成功的重要条件

判断力，是指人对客观事物进行比较和评价的能力。分析判断能力较强的人，往往学术有专攻，技能有专长，他们在自己擅长的领域里，有着独到的见解。取得成功的因素当然很多，准确的判断力是其中一个重要条件。李嘉诚曾说："具有判断力也是成功的重要条件。”

李嘉诚打工时不断跳槽，而他当老板后也经常推出新的主打产品。当然，只有在经过深思熟虑之后，他才会跳槽；只有在对市场前景作出准确判断之后，他才会推出新产品。

李嘉诚曾加盟一家五金厂，由于业绩突出，老板对李嘉诚极为器重。可是，当老板提出要给李嘉诚晋级加薪时，他却婉言谢绝，并向老板提出辞职。因为，此时的李嘉诚已从塑胶业的兴起看出五金厂潜在的危机。他认为，塑胶制品易成型，重量轻，色彩丰富，美观实用，会很快代替众多木质或金属制品。所以，他决定跳槽去一家塑胶公司谋求发展。临别时，出于善意，他最后一次帮五金厂老板出谋划策：“以后，要么转行做好的行业，要么调整产品的种类，尽量避免与塑胶制品冲突，否则后果不堪设想。”

在李嘉诚的提醒下，这家五金厂未雨绸缪，及时转变生产，才避免被塑胶制品冲垮的厄运。李嘉诚敏锐的感受力，准确的判断力，可见一斑。

当李嘉诚决定自己开办企业时，他选择的仍是自己非常熟悉的塑胶业。因为通过对大量资料详细而认真的研究，他愈加坚持自己原先的看法。

1950 年，他开办了“长江塑胶厂”，工厂的主要产品是玩具和家庭用品，如他所预期的一样，市场对此种产品需求量极大，李嘉诚运筹帷幄，初战告捷。1957年，李嘉诚突然决定，塑胶厂不再生产玩具和家庭用品，改为生产供家庭装饰用的塑胶花。此时，第二次世界大战已经结束十二年，世界各国的经济开始复苏。李嘉诚据此推断，随着生活水平的提高，人们的消费观念也会大大改变，人们对室内装饰的需求将日益增强，所以，塑胶花受到人们的青睐几乎是必定无疑的。李嘉诚料事如神，他的商业神话得以延续。塑胶花在各大商场一露面，就被顾客抢购一空，有人买花布置客厅，有人买花馈赠亲友，香港一时出现塑胶花热。李嘉诚也由此成为香港名噪一时的“塑胶花大王”。

方向和时机对每个人的事业都很重要，因此准确判断和把握自己的方向，是取得成功必不可少的重要条件。那么，我们怎么修炼和提高自己的判断力呢？下面为你介绍一些提升判断力的原则，供你参考。

原则一：从别人的经历中提取经验教训。遇到事情可看别人是怎么做的，可以寻找历史上的相似案例。其中，建议看已有一定时间距离的事情，因为时间可以帮助验证方法正确与否。

原则二：善于从自己已有的优势拓展新领域。未来发展与过去是有连续性的。竞争优势不在于你更聪明，不在于同等条件下你能做更好，而在于这件事情上你具有别人不易超越的优势。

原则三：根据外界环境变化不断检查原来的做事方法是否还适用，是否需要改变。

在生活中，我们要不断思考，不断反省，下面为你提供一些提高判断力的具体方法：

方法一：充分的准备工作是判断的前提。常言道：不打无准备之仗，不做无把握之事，充分的准备工作是我们做好事情的前提，是我们取得成功的保障。

方法二：搞清楚眼前的事情。生活中，我们面对的事情纷繁复杂，所以我们必须理出头绪，找到出路。我们要想搞清楚眼前的事情，就要从实际情况出发，认真分析，抓住本质，然后才能做出判断。理清眼前事情的方法：一是独处。让自己冷静下来，冷静地思考会使人头脑清晰、思维敏捷，判断的结果才会准确、客观、真实。二是相信自己。事情是要面对的，问题迟早需要自己解决，人云亦云，对于解决事情毫无意义，遇到问题要通过自己进行分析判断，这样的结果才更适合自己。三是多问几个为什么。四是把复杂的事情简单化。有些事情很复杂，一时不好把握，这就需要我们分清造成事情的原因是偶然的还是必然的，这样就有利于问题的解决了。

方法三：洞悉对方的真正目的。洞悉对方的真正目的，才能采取行之有效的应对办法。假象并不可怕，可怕的是看不透假象。认真的分析研究，有助于做出正确的判断，进而采取正确的措施，把握主动权。洞悉别人真实目的的几种方法：一是从正面论证。假设对方的目的是对你有利的，给它找充足的理由或根据，看它是否成立。二是从反面进行求证。假设对方的目的是对你不利的，那么从反面找理由，看你的假设是否成立。三是旁敲侧击、虚张声势。古人云“兵不厌诈”。不妨采取一些方法诈一下对方，有时候这样也能觅得一些蛛丝马迹。四是直视对方的眼睛。

方法四：纵观事物的形成过程。事物的发生、发展都有一个过程。在生活中，我们要学会全方位地了解事物，对事物的形成过程仔细观察、认真研究，从而对事物的发展趋势作出准确判断。分析事物形成过程的几项注意要点：一是分析事物形成的内在因素。二是找出事物形成的外在因素。三是不要看一时一事。

方法五：考证事物的真实性。事物往往有其复杂性、隐蔽性和多变性，这就使我们很难一眼看清它的真实面目。此时，我们对事物加以认真细致的考察，进而抓住要点，层层深入地把握事物的本质。当我们洞悉事物本质的时候，才能做出准确的判断。考证事物真实性的几项注意要点：一是不要过分相信自己的眼睛，有时候用“心”去看的东西更可靠。二是通过华丽的外表看内里。一定要学会剥去伪装，远离表面现象的困扰，这样才能离事实的真相更近一些。三是小心甜言蜜语的诱惑。

方法六：分析事物的发展趋势。我们只有不断分析事物的发展趋势，才能跟上时代的步伐，从而作出准确的判断。分析事物发展趋势的几项注意要点：一是要考虑事物是否有升值的潜力。二是分析要从事的事业是否是朝阳产业。三是看市场是否真的有需求。四是要看事物的文化科技含量。

方法七：进行仔细比较。认真比较能鉴别出人或事物的优劣。不怕不识货，就怕货比货。善于比较，往往能捕捉事物的“命脉”，从而作出正确的判断。智者和庸人的区别在于，智者不断追求，不断探索，而庸人却漫无目的，无所作为，虚度光阴。

方法八：判断事物的可行性。可行性分析是计划实施前所必不可少的。它几乎是每个决策者做决定的重要依据。现实生活中，如果你遇到的问题比较复杂棘手，你就要对问题进行详细的分析，找出解决办法。如果有些问题你根本解决不了，那就不如放弃。可行性分析的过程，既是一个心理过程，也是一个实际操作过程。从心理学的角度说，我们要调动积极正确的思维方式去分析问题，从实际操作性说，我们还必须进行调研，反复论证，这两者的完美结合，才会使你的可行性分析更全面准确。进而可行性分析的几项注意要点：一是要确立合适的目标或项目。二是请各方面的专家参与其中。三是可行性分析一定要真实，不可弄虚作假。四是不要让感情左右可行性分析，以免判断失误。

方法九：养成综合看问题的习惯。这就要求我们全面看待问题，而不能“只见树木，不见森林”。世界上的一切事物都不是孤立存在的，事物彼此之间存在着千丝万缕的联系。我们只有对事物进行综合分析，把一切相关因素都考虑进来，详加分析、比较，再作出判断，才能使事物的本质清晰地呈现出来。综合性分析的过程，其实也是结合自己给目标定位的过程。过高估计自己，往往容易将目标定得过大而最终无法实现；过于轻视自己，又容易将目标定得唾手可得而在实现过程中缺乏激情。我们每个人都应该养成对事物进行综合分析的习惯，遇到事情时不要心急，而要以平静的心态进行观察、分析。

总之，善于学习，勤于思考，勇于判断，将有助于我们成为思维缜密、有所作为的人！

成功与否取决于应变能力

应变能力，是指自然人或法人在外界事物发生改变时所作出的反应，这种反应可能是本能的，也可能是经过大量思考过程后所作出的决策。

有一句话说得好，“世间唯一不变的就是变”。应变能力是当代人应当具备的基本能力之一。要想在这多变的世界中获得成功，就必须练就非凡的应变能力。

在当今社会中，我们每个人每天都要面对比过去多得多的信息，迅速地分析这些信息，是我们把握时代脉搏、跟上时代潮流的关键。这就需要我们具有良好的应变能力。与此同时，社会竞争日益激烈，我们所面临的变化和压力与日俱增，每个人都可能面临择业、下岗等方面的困扰，因此努力提高自己的应变能力，对保持健康的心理状况是很有帮助的。

对于应变能力强的人，要正确地选择职业，将自己的能力服务于社会；而对于应变能力弱的人，在注意选择适合自己职业的同时，还要努力进行应变能力的培养。下面为你介绍几种培养应变能力的途径。

第一，减少消极心理暗示

建议你在工作生活中减少一些心理干扰，比如一些问题你处理不好，你可能就会觉得自己应变不好，这种条件反射会对你的思维产生干扰，使你出现负性情绪。如何改变这种心理呢？你可以有意识地培养自信心，经常地进行自我暗示，在心理上用肯定的语气对自己说：我的反应很快。平时也要认可自己反应很快。如果碰到一件事，自己觉得自己处理时的反应挺快的，就要在心理上强化：自己是反应快的。

第二，扩大个人交际范围

无论家庭、学校还是小团体，都是社会的缩影，在这些相对较小的范围内，我们可能会遇到各种需要应变能力才能解决的问题。因此，只有学会应变各种各样的人，才能推而广之，应付各种复杂环境。只有提高自己在较小范围内的应变能力，才能推而广之，应付更为复杂的社会问题。在实践活动中，我们会遇到各种各样的问题和实际困难，努力去解决问题和克服困难的过程，就是增强应变能力的过程。

第三，加强自身修养

应变能力强的人往往能够在复杂的环境中沉着应战，而不是紧张和莽撞从事。在工作、学习和日常生活中，我们遇事要沉着冷静，同时，我们要学会自我检查、自我监督、自我鼓励，以培养良好的应变能力。

第四，改变不良习惯和惰性

假如你遇事总是迟疑不决、优柔寡断，就要主动锻炼自己分析问题、迅速作出决定的能力。假如你做事总是半途而废，那就要从小事做起，努力控制自己，不达目标不罢休。只要下决心锻炼，你的应变能力就会不断增强。

提高智商的有效方法

大脑比我们可以想象到的任何计算机都要复杂。无论是在工作，休息还是恋爱中，要做到最好的自己，就要优化你的大脑。

在工作生活中，高人一等的聪明，能让你争取到更多的物质、精神成果。下面为你提供一些提高智商的方法。

第一，用音乐刺激脑细胞

心理学家发现听莫扎特的音乐作品可以提高人们的数学和空间推理能力。

沐浴在音乐中，感受每一个音符对心灵的激荡，让你的大脑更活跃，这就是音乐的功能。

第二，玩出高智商

有些人喜欢拼图游戏、纵横字谜游戏——在空闲时间做些游戏是活动大脑的好方法，它能使你的大脑保持良好的工作状态。

第三，运动可以发挥天赋，弥补短处

研究表明拥有足够运动的人，其大脑运转也更好。而如果能享受运动的过程，而不是单纯地强迫自己去运动，会让你更聪明，也更有幸福感。

任何一项运动，想达到一流水平，非常难，每个人的天赋、身体条件不同。集体运动最容易体现个人天赋，也最容易发现个人短处，参与集体运动有助于我们取长补短进而提升竞争力，这也是运动提升个人智商的关键所在。

第四，锻炼你的思维

我们尝试新事物的同时，可以开发我们的大脑潜能。比如：体验新的味觉和嗅觉，用你平时不用的那只手做事，找些新的路开车上班，到新的地方去旅行，进行艺术创作，读读小说……也就是说，做可以让你的大脑跳出惯常思维的事。

第五，多问为什么

我们的大脑与好奇心联系在一起。随着我们长大变“成熟”，许多人开始抑制或否认自己天生的好奇心。让自己充满好奇心吧！锻炼好奇心最好的方式就是问“为什么？”让一天至少问十个“为什么”成为你的习惯，你也会发现，你的生活工作中有那么多的机遇和解决方案。

第六，常笑

科学家告诉我们笑有益健康，笑可以帮助我们减压，因此我们可以把笑看做对大脑的快速充电。多多大笑吧！

第七，饮食

爱吃鱼的人相对来说不容易抑郁、智力衰退。科学家已经注意到鱼油对于儿童大脑发育的重要性，而且已经把它加入婴儿饮食配方中。你的脑力有可能因为摄入这种油而提高。

第八，全神贯注

全神贯注可以提高脑力。这是显而易见的，但是那些干扰注意力的因素就并不总是那么显而易见。养成停下来问问“我的大脑现在在想什么”的习惯，让自己有一个更放松的状态，以便更好地思考。

智商测试

以下是一份智商测试题，请在30分钟内完成，之后你就能测知自己的智商了。

1. 选出不同类的一项。

A. 蛇　B. 大树　C. 老虎

2. 在下列分数中，选出不同类的一项。

A.3/5　B.3/7　C.3/9

3. 男孩对男子，正如女孩对下面的哪一项？

A. 青年　B. 孩子　C. 夫人　D. 姑娘　E. 妇女

4. 如果笔相对于写字，那么书相对于下面的哪一项？

A. 娱乐　B. 阅读　C. 学文化　D. 解除疲劳

5. 马之于马厩，正如人之于下面的哪一项？

A. 牛棚　B. 马车　C. 房屋　D. 农场　E. 楼房

6. 请写出“( )”处的数字：

2、8、14、20、( )。

7. 下列四个词是否可以组成一个正确的句子：生活、水里、鱼、在。

A. 是　B. 否

8. 下列六个词是否可以组成一个正确的句子：球棒、是、用来、棒球的、打。

A. 是　B. 否

9. 动物学家与社会学家相对应，正如动物与下面的哪一项相对应？

A. 人类　B. 问题　C. 社会　D. 社会学

10. 如果所有的妇女都有大衣，那么漂亮的妇女会有下面的哪一项？

A. 更多的大衣　B. 时髦的大衣　C. 大衣　D. 昂贵的大衣

11. 请写出“( )”处的数字：

1、3、2、4、6、5、7、( )。

12. 南之于西北，正如西之于下面的哪一项？

A. 西北　B. 东北　C. 西南　D. 东南

13. 找出不同类的一项：

A. 铁锅　B. 小勺　C. 米饭　D. 碟子

14. 请写出“( )”处的数字：

9、7、8、6、7、5、( )。

15. 找出不同类的一项：

A. 写字台　B. 沙发　C. 电视　D. 桌布

16. 请写出“( )”处的数字：

961、25、432、932、( )、731

17. 下面各选项中，哪一个应该填在“XOOOOXXOOOXXX”后面？

A.XOO　B.OO　C.OOX　D.OXX

18. 望子成龙的家长往往 ( ) 苗助长。从下面的选项中选出正确的字，使其成为完整的句子。

A. 揠　B. 堰　C. 偃

19. 填上空缺的词：

金黄的头发（黄山）刀山火海。

赞美人生 ( ) 卫国战争。

20. 选出不同类的一项：

A. 地板　B. 壁橱　C. 窗户　D. 窗帘。

21. 请写出“( )”处的数字：

1、8、27、( )。

22. 填上空缺的词：

罄竹难书（书法）无法无天。

作奸犯科（ ）教学相长。

23. 在括号内填上一个字，使其与括号前的字组成一个词，同时又与括号后的字也能组成一个词：

款（ ）样。

24. 填入空缺的数字：

16、96、12、10、( )、7.5

25. 找出不同类的一项：

A. 斑马　B. 军马　C. 赛马　D. 骏马　E. 驸马

26. 在括号里填上一个字，使其与括号前的字组成一个词，同时又与括号后的字也能组成一个词：

祭（ ）定。

27. 在括号内填上一个字，使之既可以与前一个字组成一个词，又可以与后一个字组成词组：

头（ ）震荡。

28. 在括号内填入空缺的数字：

65、37、17、( )。

29. 在括号内填入空缺的数字：

41、28、27、83、( )、65。

30. 在括号内填上空缺的字母：

CFI、DHL、EJ（ ）。

测试结果：

1.B；2.C；3.E；4.B；5.C；6.26；7.A；8.A；9.A；10.C；11.9；12.B；13.C；14.4；15.D；16.38；17.B；18.A；19. 美国；20.D；21.64；22. 科学；23. 式；24.60；25.E；26. 奠；27. 脑；28.5；29.36；

30.0。

计算方法：

每道题答对得 5 分，答错不得分也不扣分。共计 30 题，总分为 150 分。

按照国际标准，人们对智力水平高低通常进行如下分类：

140 分以上为天才，120 至 140 之间为最优秀，100 至 120 之间为优秀，90 至 100 之间为常才，80 至 90 之间为次正常。

情商：为你管理好情绪

情商是管理自己的情绪和处理人际关系的能力。如今，人们面对的是快节奏的生活、高负荷的工作和复杂的人际关系，没有较高的情商是难以获得成功的。在职场中，要获得较快的成长，仅仅埋头工作是不够的，较高的情商是获得成功的重要因素。

情商是人生成功的主宰

情商（Emotional Quotient，缩写为 EQ）又称情绪智商，是与智商相对应的概念。它主要是指人在情绪、情感、意志、耐受挫折等方面的品质。

情商学说始于 20 世纪 80 年代。1983 年，美国哈佛大学的心理学家霍华德·加德纳在《精神状态》一书中提出，人有“多元智慧”，从而开启了情商学说的新研究课题。1991 年，美国耶鲁大学心理学家彼得·塞拉维和新罕布什尔大学的琼·梅耶首创了“情商 (EQ)”一词。1995 年，哈佛大学教授、《纽约时报》的专栏作家丹尼尔·戈尔曼推出的《情商》一书使“情商”一词风行世界。

致力于情商研究的心理学家各有建树，麦克莱兰就是其中之一。

麦克莱兰教授的观点是：情商比智商所起的作用要大得多。他认为，在各行各业的工作中，一个人要崭露头角，成为领军人物，情商起着巨大的作用。

有人针对麦克莱兰的观点研究了两位电脑程序设计师：两位电脑程序设计师介绍了他们工作的情况，即为用户设计程序，以满足企业的迫切需求。第一位程序设计师说："我听客户说，他需要的是将所有数据都能放在一页里，程序的操作格式要简单。"于是，他遵照客户要求，从满足客户的需要出发来设计。而第二位程序设计师似乎觉得那样做太麻烦，他仅从技术角度出发进行编程。一句话，他注意的是技术，而不是人。

这个例子中，第一位程序设计师显示出较高的情商，而第二位则显示出较低的情商。第一位程序设计师在工作中的表现绝佳，能设计出令客户称心如意的程序；第二位程序设计师在工作中表现平庸，实际上赶走了自己的顾客。

麦克莱兰等研究者认为，高情商的人更受欢迎，并通过很多案例来证明这一点。

耶鲁大学一个名叫佩恩的学生才华横溢，富有创造性，但佩恩正如一位教授评价的那样——"令人难以置信地傲慢"。尽管他才思敏捷，却惹人讨厌，他的同学都很不喜欢他，不过，佩恩的考试成绩仍然科科名列前茅。毕业时，佩恩成了抢手货，他所学领域的所有大公司都纷纷给他提供面试机会。至少从他的档案来看，他应是这些公司的首选对象。然而，佩恩的恃才自傲溢于言表。最后，他只能在一个二流的公司里谋得一份工作。而另一个当初与佩恩同一专业的学生马特，学业成绩不如佩恩那样拔尖，但却擅长与人交往，与马特共事的人都喜欢他。在经过八次面试后，有七家公司决定聘用马特。两年后，佩恩丢掉了第一份工作，而马特却春风得意，工作顺利。

上面例子中的佩恩是低情商的典型，而马特则具有较高情商。研究者认为，高情商与认知能力结合，就能产生事半功倍的效果。工作中的佼佼者往往是两者兼而有之。越是复杂的工作，情商的影响越大。假如欠缺情商，就会妨碍人们运用他们的技术专长。学业的好坏只反映我们的一种基本能力，我们需要凭它来进入某一领域。但仅凭这种能力不能使我们成为大师。

曾经有这样一个案例。事情发生在一个很不寻常的日子。那天正是全美橄榄球超霸杯赛的一个周日，很多美国男人都坐在电视机前观看球赛。而当天纽约飞往底特律的某航班延误了两个小时，乘客的焦虑烦躁可想而知。最后，飞机好歹到达了底特律，可不知怎么阴错阳差地停在了离通道门约

300米远的地方。乘客因延误到达已经紧张不安了，这下全都站了起来。这时，一位乘务员走到了客舱里。她该怎样使乘客都坐下来，以便飞机滑行到通道门口呢?

通常的情况往往是，乘务员严肃地向大家宣布："在飞机滑行到通道门前，请您务必坐在自己的座位上。"然而，这位乘务员却没有这样。只听她用甜润的声音逗乐地告诫一个调皮捣蛋而又十分可爱的小孩："你，站——站起来了！"

听到这话，飞机上的乘客都笑了，他们坐回到了自己的座位上，直到飞机滑行到通道口。在平静的气氛中，乘客们轻松地下了飞机。

情商研究者认为，情绪的好坏对人们的健康和事业有着非常重要的影响。积极的情绪有利于人们的身心健康，从而促进人们事业的发展。反之，消极的情绪会使人们的心理活动失去平衡，导致神经系统失调，对人们的健康产生不利的影响，进而影响事业的顺利发展。一个人要想拥有成功的人生，就必须要有好的情商。因此我们应努力灵活自如地调动自己，从而把事情办得更加出色。

了解自己情绪变化的规律

就像一年有四季变化一样，人的情绪也有周期。所谓"情绪周期"，是指一个人的情绪高潮和低潮的交替过程所经历的时间，它反映人体内部的周期性张弛规律，亦称“情绪生物节律”。当人们处于情绪周期的高潮时，会表现出强烈的生命活力，对人和蔼可亲，感情丰富，做事认真，容易接受别人的规劝，常感到心旷神怡；若处于情绪周期的低潮，则容易急躁和发脾气，易产生反抗情绪，喜怒无常，常感到孤独与寂寞。事实上，谁了解自己的情绪，谁就能充分合理地利用它们，操控、驾驭它们。要是不了解自己的情绪，就只能无助地听任它们摆布，成为它们的奴隶。

也许你的情绪周期较长或较短，不过你一定希望了解自己情绪的高潮期与低落期。下面介绍一种简便的制表方法，它可以使你了解自己的情绪。

以一年中的某个月为例，纵行为1日、2日、3日……30日(或31日)；横行为不同的情绪指数，包括兴高采烈、愉悦快乐、感觉不错、平平常常、感觉欠佳、伤心难过、焦虑沮丧。每天晚上花点时间想想当天的情绪，在与之相符的一栏打上记号。过些日子，把这些记号连接起来。你就会发现你的情绪变化规律，并相应地调整自己的行为。

情绪周期是人生情感的晴雨表，我们可据此成为安排好自己人生耕耘的工作者。情绪高涨时安排一些难度大、较烦琐的任务，而在情绪低落时多出去走走，多参加体育锻炼，放松思想，放宽心情，进行一些健康向上的活动，有了烦心的事多向亲人、同学、朋友倾诉，寻求心理上的支持，安全地度过情绪危险期。

同时，遇上低潮和临界期，更要提高警惕，运用意志加强自我控制，也可以把自己的情绪周期告诉自己最亲密的人，一方面让他们提醒我们，帮我们克服不良情绪，另一方面避免不良情绪给我们与最亲密的人带来误会。

心理学家指出，每个人都有一定的情绪生物节律，只不过有些人的情绪生物节律明显，而有些人不明显。很多人会间歇性地发生不同程度的心理异常，其“病因”主要有三：一是在与周围世界的“碰撞”中，不可避免地会产生各种负面情绪，当负面情绪积累达到一定程度时，我们就容易出现心理失衡，这时我们需要通过适当的方式来宣泄。二是工作和生活压力超过了身心所能承受的负荷，激起了情绪的“抗议”。三是自然现象的影响，比较明显的是潮汐，月亮的盈亏会使人的“情绪之海”出现“起伏”。此外，特殊的环境及突发事件也会为心理异常埋下“伏笔”。因此在心理学家看来，间歇性轻度情绪失控、轻度心理异常人人皆有，但每人的发泄方式却不一样。心理学家还指出，情绪周期在男人和女人身上都会有所反映。

男人们可以通过半年左右的时间寻找自己的情绪周期规律，在情绪周期到来之前把工作妥善安排好。必要时参加一些轻松活泼的活动以调节自己的情绪。更重要的是，做妻子的应在此时更关心理解丈夫，做好其心理疏导工作，防止给他施加更大的压力。

女人的情绪周期有明显的生理特点。女人行经前的一个星期以及行经期间，身体通常会出现种种毛病，例如腹胀、便秘、肌肉关节痛、食欲增加、容易疲倦、头痛等，有些人还容易沮丧及发脾气等。这些主要是跟体内的激素变化有关。一旦体内的激素出现变化，就会影响到人们的情绪。建议女性在日历上记下自己的生理周期，一旦出现忧郁、焦躁不安的时候，立即看看是否是生理周期的缘故，那样，就可以帮助自己舒缓情绪，冷静平和下来，从容地度过每月的这一烦恼期。

掌控情绪的原则和技巧

情绪是流动、易变的，所以文学家有时拿它与火相比，认为情绪犹如火，太大则会烧毁一切，将一切化为乌有，太少则会使人间温暖尽失。一个人若能把情绪控制得当，我们则称他为情绪稳定、心理健康的人。由此可见，掌控情绪尤为必要。

不良的情绪对我们的身心健康、自身发展会造成不利影响，所以我们要学会掌控情绪。

掌控情绪不是去除或压制不良情绪，而是在觉察不良情绪后，及时作出调整。我们来看这样一个例子：

一天，美国陆军部长斯坦顿来到林肯那里，气呼呼地对林肯说一位少将用侮辱的话指责他偏袒一些人。林肯建议斯坦顿写一封内容尖刻的信回敬那家伙。“可以狠狠地骂他一顿。”林肯说。斯坦顿立刻写了一封措辞强烈的信，然后拿给总统看。"对了，对了。"林肯高声叫好，"要的就是这个！好好训他一顿，真写绝了，斯坦顿。"但是当斯坦顿把信叠好装进信封里时，林肯却叫住他，问道："你干什么？""寄出去呀。"斯坦顿有些摸不着头脑了。"不要胡闹。"林肯大声说，"这封信不能发，快把它扔到炉子里去。凡是生气时写的信，我都是这么处理的。这封信写得好，写的时候你已经解了气，现在感觉好多了吧，那么就请你把它烧掉，再写第二封信吧。"

人不可能永远处在好情绪之中，人生中既然有挫折、有烦恼，就会有消极的情绪。一个心理成熟的人，不是没有消极情绪的人，而是善于调节和控制自己情绪的人。心理学研究表明，"压抑"消极情绪并不能改变消极的情绪，反而会使它们在人们内心深处沉积下来。当它们积累到一定程度时，往往会以破坏性的方式爆发出来，给人们造成伤害。比如我们常会看到一些"好脾气"的人，有时会突然发火，作出一些使人吃惊，或者让他自己也后悔的事来，这往往就是平时压抑消极情绪的结果。同时压抑消极情绪还会造成更深的内心冲突，甚至导致心理疾病。

一般来讲，在掌控情绪的过程中，我们可以把坏情绪分为急性的和慢性的两种。因受到外界刺激而冲动发火，作出种种不理智的行为，可以说是急性的坏情绪。对付这种坏情绪的方法是，及时给予自己暗示和警告。如当你感到怒气正在上升时，在心里对自己说：克制，再克制！或者默默地从1数到10。往往只需几秒钟、几十秒钟，你的心绪就能够平静下来，那时再去处理问题，就不会作出使自己后悔的事了。慢性的坏情绪，往往是由生活中许多不如意的事情造成的。造成坏情绪的原因也许不能一下消除，但长期陷在坏情绪之中，并不能改变现状，往往还会使情况变得更坏。如果我们能够调整自己，使自己摆脱消极情绪的控制，就有力量来面对不如意的现实。当感到自己情绪消沉的时候，我们可以用转移注意力的方法改变它，比如出去散散步，听听音乐，打打球，或是逛逛商店，也可以向知心的朋友哭诉一下。心理学研究表明，哭泣有一种"治疗"的功能，人在痛哭一场后，往往心情就变得好多了，因此你不必为哭泣而害羞。你也可以写日记，或打个心理咨询热线，使自己的坏情绪宣泄出来。除了宣泄以外，如果你能够为改变自己的处境而去做些事情，或者以逆境为人生的动力去努力奋斗，就会更好地使自己从消极的情绪中摆脱出来，因为一方面做事的过程需要集中注意力，使你没时间去自怨自艾；另一方面，在你的处境得到改善的过程中，你的眼界会变得更开阔，你对生活也会产生新的看法。

针对坏情绪，我们可以运用以下技巧加以掌控。

技巧一：尽可能地变换生活环境

环境对于人而言，不能直接地将人引入积极的情绪状态，它对人的作用更主要的是帮助我们营造良好的心境，这种好的心境是积极情绪发生的必要场所。一般而言，较大的空间对于人而言总是有利的，因为心理空间和物理空间是有联系的。通常人们都不喜欢太过拥挤的地方，外界空间的拥挤会导致人的烦恼和压抑。心理学家对于这种心理空间和物理空间的微妙联系无法作出解释，更多的是将之归于类似于动物划分领地而互不侵犯的本能行为。由此可见，人们对于大海、草原或其他人烟稀少的地方的喜爱是十分有道理的。对于我们而言，没有时间也不可能经常去这样的地方，因此我们可以通过改变环境的熟悉程度来达到类似的效果。一般而言，新鲜的环境对人总是有吸引力的。因此，在情绪不佳的情况下，我们可以尝试通过布置环境来达到创造良好心境的目的。有的人改变居室的布置，有的人养花种草，这些都是改变环境的有效措施，能够对调节情绪有一定的帮助。实在没法改变环境就变变服装、发型或行走路线，给自己一点新鲜感。

技巧二：表情训练法

人可以更为主动地控制自己的情绪。曾经有这样一则新闻：日本人善于做生意，这是举世公认的。但由于日本人强烈的东方民族的色彩，他们在做生意的时候不喜欢表露自己的感情，特别是不喜欢笑。所以，日本人在谈生意的时候给人的感觉是压抑和刻板。由于日本人的贸易伙伴大部分是西方人，而西方人性格外向，因此这两种文化之间往往会产生冲突。一些日本公司的老板为了让员工面带笑容，就在下班之前的半个小时里，训练他们笑。具体的方法是每人发一只筷子，横着咬在嘴里，固定好脸部表情后，将筷子取出。此时大家的脸部基本维持一个笑容的状态，再发出声音，就像是在笑了。

这则新闻说明什么呢？很多人并不知道其中的奥妙。其实，这种做法有着心理学研究的依据。这里的最主要问题是：究竟是情绪引起身体的反应，还是身体的反应引起情绪的变化？换句话说，人们是因为哭才会忧愁，还是因为忧愁而哭；是因为恐惧而发抖，还是因为发抖而恐惧呢？通常而言，人们都认为是情绪引起人的反应。也就是说，人们忧愁的时候才会哭，恐惧的时候才会发抖。但心理学家的研究表明事实并不完全是这样。有时，人们会因为哭而忧愁，会因为发抖而感到恐惧。这就是说，人的情绪是可以由行为引发的。根据这种观点，我们可以通过控制行为的方式来控制自己的情绪。日本人的面部表情的训练就说明了这个道理。

当你生气的时候，可以找一面镜子，对着镜子努力作出笑容来，持续几分钟之后，你的心情就会变得好起来。不信你可以试试。

技巧三：改变对事物的认识来调节情绪

对事物的不同认识可以导致情绪的极大不同。例如，当学生受到老师批评的时候，往往会有不同的反应。有些人认为老师是在和他作对，故意刁难他；而有些人认为老师是在教育他，帮助他认识到自身的不足。所以，认识上的不同，会产生不同的情绪。持前一种认识的学生会对老师产生对立的情绪，而持后一种认识的学生会觉得和老师的关系更为亲密。所以人们情绪的变化有时取决于人们对事物的看法。因此，在受到不良情绪困扰的时候，我们可以通过调节自己的认识来调节情绪。

运用改变认识来调节情绪需注意以下几个方面：

一是转移目标。我们受到无法避免的痛苦打击时，往往会长期沉浸在痛苦之中，这样既于事无补，也不能解决任何问题，又影响自己的工作、生活，甚至有损健康，所以我们应该尽快地把自己的注意力转移到那些有意义的事情上去。这样做的目的，是尽量减少外界刺激，减轻不良情绪的负面影响和作用。

二是学会解脱。解脱就是换一个角度来看待令人烦恼的问题。从更深、更高、更广、更长远的角度来看待问题，对问题作出新的理解，以求跳出原有的圈子，使自己的精神获得解脱，以便把精力全部集中到自己所追求的目标上。解脱并不是消极地宽慰自己，其实这样做有更重要的、积极的一面。我们的烦恼有很多都是因为自己心胸狭窄，只看到自己眼前的一点利益或身边的几件事，而没有从更广的范围、更长远的角度来想，也就是为一些非原则的小事而忽略了人生中的大事。积极的解脱是把长远利益放在首位，抛开区区小事，全神贯注地去追求自己的远大目标。心中有了大目标，就不会计较身边发生的区区小事，心胸也会豁然开朗。

三是升华自我。我们常说的“化悲痛为力量”就是指升华自己的悲痛情绪。其实不只是悲痛可以被转化为力量，其他的强烈情感也都可以被转化为力量。世界上最值得赞美的行为之一就是发奋努力、不断进取、升华自我。这种升华是人类心灵所迸发出来的最美的火花。著名心理学家弗洛伊德把升华看做是最高水平的自我防御机制。他认为，只有健康和成熟的人才有可能实现升华。

技巧四：利用不利条件

这是指利用对我们不利的时机和客观条件。比如，如果能巧妙地利用使我们苦恼的强制性要求，我们就能在精神上由被动转化为主动，进而使令我们烦恼的事情变为令我们愉悦的事。

有效地控制自己的情绪，保持良好的自我心态是主宰自我的基础。愿我们都能做自己情绪的主人，保持良好的心境，天天都开心。

自我激励是成功的前提

自励意味着“主动追求”，情商高的人会主动完成自己的工作，而不是等着别人来安排或督促。他们面对工作，能够从一点一滴做起而不是抱着“干得了就干，干不了就算了”的心态。自励意味着“开放性学习”，情商高的人会不断接受新的知识，不断完善和充实自己的知识结构。自励意味着“负责忠诚”，情商高的人会努力兑现自己的诺言，对自己的行为负责，而不是推诿或找借口。

莎莉·拉斐尔是一位电台女广播员，在她三十年的职业生涯中，曾遭辞退十八次，可是每次事后她都放眼更高处，确立更远大的目标。

美国本土的无线电台普遍认为女性不能吸引听众，没有一家肯雇用她，她就迁到波多黎各去，苦练西班牙语。有一次，一家通讯社拒绝派她到多米尼加共和国采访一次暴乱事件，她便自己凑够费用飞到那里去，然后把自己的报道出售给电台。

1981年，她遭纽约一家电台辞退，原因是她被认为跟不上时代，结果她失业了一年多。

有一天，她向一位电台职员推销她的谈话节目构想。“我相信公司会有兴趣。”那人说。但此人不久就离开了那家公司。后来她碰到该电台的另一位职员，再度提出她的构想。这个人也夸奖那是个好主意，但是不久这个人也失去了踪影。最后她说服第三位职员雇用她，这第三位职员虽然答应了，但提出要她主持政治节目。

她对丈夫说：“我对政治所知不多，恐怕很难成功。”丈夫鼓励她尝试一下。1982年夏天，她的节目终于开播了。她对广播早已驾轻就熟，于是她利用这长处和平易近人的作风，大谈7月4日美国国庆对她自己有什么意义，又请听众打电话来畅谈他们的感受。

听众立刻对这个节目产生兴趣，她差不多一举成名。如今，莎莉·拉斐尔已成为自办电视节目的主持人，曾经两度获奖，在美国、加拿大和英国每天有大量观众收看她的节目。“我遭人辞退了十八次，本来大有可能被这些遭遇所吓退，做不成我想做的事情，”她说，“结果相反，这些鞭策我勇往直前。”

自励的人态度积极，旁人也会感觉得到，于是都乐意帮助他们实现梦想。成功的关键在于，确立你的目标，然后为目标进行不懈努力，成功属于那些坚定前行的人们。同时，要实现梦想，必须拥有积极的态度。有时，一个小小的举动，一份小小的善意也许会在不经意间将我们引向成功的一边。

内省是隐形的力量

内省是指人们建构准确的自我感知以及应用这种感知规划和指导自己生活的能力。有效的内省，能给我们带来神奇的改变。

内省具有一种力量，它能为我们带来健康、乐观、平和、爱心、创造力……它可以帮助我们认识自己，改进自己，从而享受生命，并使我们将人性内在的闪光纯良特质发挥出来。当我们有意识地省察自己的行为表现以及观念、欲望、情绪等时，就是在内省了。

身在问题之中，往往不易看清问题，跳出来才能更好地分辨。

你要从更高的视角和更大的范围内全面地省察自己。

内省的目的是要看清楚自己。如果一件事情之中，牵涉到很多其他人，你觉得别人错了，你看到的都是自己之外的别人的问题，这就不是内省。盯着别人的错误，你就没有机会改变、提高自己了。内省可以使你变得更好。有人读着如何内省的书，读完后去看别人有没有内省，这就不是内省了。内省是要省察自己。

一个人有什么样的内省，就有什么样的境界。内省的程度，将影响我们思想的深度、人生的高度。一个人要想有所作为，经常内省甚为重要。

洞悉人心的原则和策略

你越了解其他人，你就越能恰当地为你的产品、服务或提案创造有利的局面，以引起他人的兴趣。只要多看、多听，你就几乎能够了解你想知道的与他人相关的方方面面，甚至比你希望知道的还要多。

在履行公务时，人们通常会扮演职务上应有的角色，但最终仍不免显露各自真正的特质。因此，你应当把人们的行为放在更大的人格背景下观察，试着了解他们真正想说什么。你越了解交涉的对象，你的沟通就越有效能。

洞悉人心需要心智大开，以接收相关的具体信息，而不是依赖先前的印象或意见。实际的接触能够帮助你看清人们隐藏在表象下的实际感受。每个人的言行举止都有无数线索可循，这些线索能不能发挥作用，要看你接收运用的能力。积极观察意味着全面了解，而非骤下断语，并且不轻易放过任何信息。

人们会在不设防的情形下展露自己最真实的一面。比如，人们与侍者或飞机客服人员应答的方式，可以让你一瞥他们无意间显露的深层自我。基于此，早餐、午餐和晚餐会议是能显露人们特质的时机。如果你留心的话，在这类场合中的非正式的意见交换，也许能给你带来许多信息。

洞悉人心的基本原则包括：一是主动倾听，注意别人说话的内容及说话的方式；二是积极观察，比如观察别人的肢体语言，以及衣着打扮所透露的信息；三是再次检验一下你收获的关于他人的第一印象，最好进行仔细分析；四是花时间运用所学，思考如何应用你关于一个人人格特质的信息；五是保持距离。凡事退一步看，然后思考你的选择，将有助于提升你的观察力。

你可以学着巧妙地去“读”一个人，就像读一本书、一本地图册。具体来说，你可以采用视觉观察、听觉观察和触觉观察。

那些视感强的人，主要利用视觉系统观察世界，获取信息。他们常常用视觉语言来表达，向人们描述东西看上去怎么样，比如，呈什么形状，是明还是暗，等等。

那些听感强的人对说什么比较慎重。他们常常用听觉语言来表达，如：“这听起来正合我意”、“我能听见你说的”或“听起来一切都很顺利”，等等。

那些触感强的人对触觉反应灵敏，常常用触觉语言来表达意思，比如：“我找到了答案，但我还没有抓住它。”

要想洞悉别人作决定的方式，最好知道他们是视感强、听感强，还是触感强，这样你就能有的放矢地表达你的信息。

倾听助你认识他人

好的倾听者应该是懂得倾听的人，应该富于同情心，愿意倾听人们诉说不愉快的情绪。

很多人都喜欢倾听者，尤其是有同情心的倾听者，因为有同情心的倾听者就像人们亲密的朋友，让人们感觉他们相当可靠、值得信赖、十分忠诚。

倾听者会考虑他人的需要，并且支持和帮助他人。人们之所以倾向于向倾听者打开心扉，是因为人们渴望被关怀，而且真诚的倾听者也确实做到了这一点。当他人受到伤害时，倾听者也同样有受伤的感觉，就如同他自己经历过一样，当他人心痛的时候，他们的心也真的痛了起来。

你可以从某个你感觉非常亲近或者是与你有信任关系的人开始（不论他是你的家庭成员还是朋友）与他在一起度过一些不受干扰

的时间，并且听他讲述他生命历程中重要的篇章。当你越来越多地尝试这一过程，你会发现自己拥有了讨人喜欢的倾听者的特质。

一个穷人来到一位百万富翁的家里，向他倾诉自己的悲惨遭遇，他讲得那么真切动人，百万富翁感受到了从来没有过的触动。他对仆人说："快把这个穷汉赶出去，他使我的心都碎了。"倾听者，需要强大的内在力量，这位自以为在倾听的百万富翁，并不是一个好的倾听者。

到底以何种方式聆听，才最有利于了解对方，并与对方建立感情呢？心理学家建议用"同理心式倾听"。同理心式倾听，就是用心聆听另一个人的思维与心声，就是设身处地，尝试以他人的双眼来探究世界。

假定你的朋友同夫人发生了争吵，并且对你讲述了这一切，你自然会对此作出反应。你可能会这样安慰他："我要是处在你的位置，我也不能忍受这一切——真是难以置信，我没有想到，你夫人居然会这样。""这次又跟上一次的情况一样，你们总是争论这种事情。"其实，你的这些反应，没有一种能够对你的朋友有实质性的帮助。

作为倾听者你应该清楚，你所表达的观点，不见得能解决别人的问题。你能对别人做的，就是表现出理解和体谅，并用心去倾听。在倾听时，你可以通过一些恰当的交流，鼓励对方寻求解决问题的方法。

倾听别人的倾诉，是识别他人内心情绪的好方式，有助于我们恰如其分地投入到谈话中。在倾听时，以下这些方面是值得重视的：你的目光应该注视着对方，以显示出你的兴趣；避免做一些容易分神的动作，比如浏览报纸；不要打断对方的讲话，设身处地想想对方的处境；通过你的身体语言，向对方传递你要传递的信号，例如用点头的方式表示赞同。

以上这些可以用作参照依据，而不一定是必需的准则。因为具体的谈话，要求倾听者作出具体的倾听行为。

情商决定你的社交影响力

社交活动中的影响力，取决于一个人向周围传递的情绪。人与人之间的亲近与疏远、合作与竞争、友好与敌对等，都是心理上距离远近的表现形式。

有些人在人际交往中与生俱来地具有较强的影响力，他们在参加酒会或庆典的时候，只要很短的时间就能和所有人交上朋友。但也有些人并不具备这样的天赋，他们在社交活动中比较内向，宁愿一个人躲在角落里也不愿主动与人交谈。

研究表明，人际关系由多种成分构成，其中最主要的成分是相互认同、情感相容、行为近似。只有这样，才能产生人际吸引，形成良好的人际关系。

相互认同，是通过知觉、想象、记忆等实现的。人们通过信息的交流，取得相互了解、满足了交往的需要时，才能情感相容、行动一致。人与人之间心理上的距离，往往是随着彼此相互认同的变化而变化的。在群体中，人际关系不可能始终如一，永恒不变。即使长期心心相印、志同道合的两个人，其心理距离也并非一直是等距的。

情感相容是以人们相互喜爱、同情、照顾等形式表现出来的。凡是能驱使人们接近、联系、合作的情感，都属于结合性情感。人们之间的结合性情感越多，彼此之间越相容。凡是能使人们分离开来的情感，如憎恨、厌恶、不满等，都属于分离性情感。分离性情感越强烈，则彼此之间越不相容。

行为一致是指人们彼此间言谈举止、角色地位、仪表风度等人际行为模式极其相近。人与人之间的行为模式越近似，越容易产生和形成良好的人际关系。

由相互认同、情感相容、行为近似这三个方面构成的人际关系系统，对维护人们的心理健康，保持人们正常的社会生活，促进社会的进步具有巨大的作用。有研究者在这一系统的基础上进一步指出，人们之间的情绪会互相感染。

据说，越战初期，美国士兵与越共军队在一处稻田激战。这时，突然出现了六个和尚，他们排成一列走过田埂，毫不理会猛烈的炮火，十分镇定地一步步穿过战场。

美国兵大卫·布西回忆道：“这群和尚目不斜视地笔直

走过去，奇怪的是竟然没有人向他们射击。他们走过去以后，我突然觉得毫无战斗情绪，至少那一天是如此。其他人一定也有同样的感觉，因为大家不约而同停了下来，就这样休兵一天。”

这些和尚的处变不惊，在激战正酣时竟然浇熄了士兵的战火，这正说明了人们之间的情绪会互相感染。

这当然是个极端的例子，很多情况下，情绪的互相感染隐藏在人际接触的交流中。它仿佛是一股不绝如缕的心灵暗流，使人们彼此的情绪正相交流感染，当然，并不是每次交流都是愉快的。

人们在人际接触中，不断地传递着情绪信息，并以此信息影响对方。譬如，同样一句“谢谢”，可能会给你愤怒、被忽略、真正受欢迎、真诚感谢等不同的感受。情绪的感染无处不在。社交技巧越高明的人越能自如地掌握这种信息。

情感的收放是情商的一部分，比较受欢迎或具有迷人个性的人，通常能够对情感收放自如，使人乐于与之为伍。

心理学专家做过一个简单的实验：请两个实验参与者分别写出自己当时的心情，然后请他们相对静坐等候研究人员的到来。两分钟后，研究人员来了，专家再次请他们写下自己此刻的心情。请注意，这两个实验参与者是经过特别挑选的，一个极善于表达情感，一个则是喜怒不形于色。实验结果显示，后者的情绪会受到前者的感染。

这种神奇的传递是如何发生的呢？原来，人们会在无意识中模仿他人，比如表情、手势、语调等。

心理学专家的实验证明，情绪的传递通常都是由表情丰富的一方传递给较不丰富的一方。所以，人际互动中决定情感步调的人，自然居于主导地位，其他人的情感状态将受其影响。

在人际关系互动中，处于主导地位的通常是那些较善于表达或较有权力的人。高明的演说家、政治家或传道者，极擅长带动观众的情绪，夸张地说，就是调控对方的情绪于股掌之间。情绪是可以感染的，愤怒是可以控制的。很多研究者都曾经关注这样一个极佳的例子：

美国人道森离开美国去日本东京学习气功。一天下午，他乘坐地铁回家，在车上他遇到一个酒气冲天的壮实男子。这个男子脸色阴沉沉地仿佛要打架滋事，他一上车就跌跌撞撞，只见他高声咒骂，把一个怀抱婴儿的妇女撞倒在地，一对老夫妇吓得奔逃到车厢另一端，一车人都屏息着不敢出声。醉汉又继续冲撞别人，之后，醉汉紧紧抓住车厢正中央的一根铁柱，大吼一声想将它连根拔起。

道森每天练八个小时的气功，体能正处于最佳状态，他觉得自己应该站出来干预，以免其他乘客无辜受伤。想到这里，道森站了起来。醉汉一看见他便吼道："好啊，一个外国佬，教你认识认识日本礼仪！”接着便作势准备出击。

就在醉汉将动未动之际，突然有人发出一声洪亮而愉快的声音：“嗨！”那音调仿佛是好友久别相逢后的欣喜，醉汉惊奇地转过身，只见一个年约七十岁、身着和服的矮小日本老人满脸笑容地对他招了招手说：“你过来一下！”醉汉大踏步地走过去，愤怒地嚷道：“凭什么要我跟你说话？”

道森目不转睛地注视着醉汉的动作，准备在情况不妙时立刻冲过去。“你喝的是什么酒？”老人满脸笑意地望着醉汉问道。醉汉依旧大吼大叫：“我喝清酒关你什么事？”“太好了！太好了！”老人热切地说，“我也喜欢清酒，每天晚上我都和太太温一小瓶清酒，拿到花园，坐在木板凳上……”接着，老人又说起他家屋后花园的柿子树，然后老人愉快地问他：“你一定也有个不错的老婆吧！”

“不，她过世了……”醉汉哽咽地开始说起他的悲伤故事：如何失去妻子、家庭和工作，如何感到自惭形秽。老人鼓励醉汉把所有的心事都说出来，只见醉汉斜倚在椅子上，头几乎是埋在老人怀里……

面对这样一个愤怒的人，有效的方式就是转移他的注意力，并对他表示出同情，进而引导他产生较愉悦的感受。如果说，成功安抚他人痛苦的情绪是社交技巧的表现，那么，妥善对待一个盛怒中的人，就是高情商的表现。

情商测试

这个测试题分五个部分，测试情商的五大能力，即自我情绪认知、情绪调控、自我激励、他人情绪认知和人际关系管理。这个测试适合成年人。

第一部分：自我情绪认知 (1 ~ 10)

1. 对自己的性格类型有比较清晰的了解？

A. 总是　B. 有时　C. 从不

2. 无法确知自己是在为何生气、高兴、伤心或妒忌？

A. 总是　B. 有时　C. 从不

3. 知道自己在什么样的情况下容易发生情绪波动？

A. 总是　B. 有时　C. 从不

4. 即使有使自己生气、高兴、伤心或妒忌的事，也不愿或不能表达出来？

A. 总是　B. 有时　C. 从不

5. 懂得从他人的言谈与表情中发现自己的情绪变化？

A. 总是　B. 有时　C. 从不

6. 情绪起伏很大，自己都不了解是为什么？

A. 总是　B. 有时　C. 从不

7. 有扪心自问的反思习惯？

A. 总是　B. 有时　C. 从不

8. 不知道自己的感情是脆弱还是坚强？

A. 总是　B. 有时　C. 从不

9. 性情不够开朗，很少露笑容？

A. 总是　B. 有时　C. 从不

10. 很难找到表达情绪的适当方式，要么愤怒，要么隐忍或委屈？

A. 总是　B. 有时　C. 从不

第二部分：情绪调控 (11 ~ 20)

11. 遇到不顺心的事能够抑制自己的烦恼？

A. 总是　B. 有时　C. 从不

12. 往往不能自控情绪的起伏？

A. 总是　B. 有时　C. 从不

13. 遇到意想不到的突发事件，能够冷静应对？

A. 总是　B. 有时　C. 从不

14. 精神处于紧张状态，不能自我放松？

A. 总是　B. 有时　C. 从不

15. 受到挫折或委屈，能够保持能屈能伸的乐观心态？

A. 总是　B. 有时　C. 从不

16. 对自己的期望很高，达不到标准时会很生气或发脾气？

A. 总是　B. 有时　C. 从不

17. 感情冲动时，能够较快地“自我熄火”？

A. 总是　B. 有时　C. 从不

18. 做什么事都很急，觉得自己属于耐不住性子的人？

A. 总是　B. 有时　C. 从不

19. 听取批评意见时，即使有与实际情况不符的意见，也没有耿耿于怀或不乐意？

A. 总是　B. 有时　C. 从不

20. 对人对事不喜欢深思熟虑，主张“跟着感觉走”？

A. 总是　B. 有时　C. 从不

第三部分：自我激励 (21 ～ 30)

21. 在人生道路上的拼搏中，相信自己能够成功？

A. 总是　B. 有时　C. 从不

22. 不愿尝试所谓的新事物，对自己不会的事情会感到无聊？

A. 总是　B. 有时　C. 从不

23. 决定了要做的事不轻言放弃？

A. 总是　B. 有时　C. 从不

24. 一次想做很多事，因此显得不够专心？

A. 总是　B. 有时　C. 从不

25. 工作或学习上遇到困难、能够自我鼓励、克服困难？

A. 总是　B. 有时　C. 从不

26. 对于自己该做的事，很难主动地负责到底？

A. 总是　B. 有时　C. 从不

27. 相信“失败乃成功之母”吗？

A. 总是　B. 有时　C. 从不

28. 没有必要要求自己什么，觉得自己做不到的事不如干脆放弃？

A. 总是　B. 有时　C. 从不

29. 办事出了差错自己总结经验教训，不怨天尤人？

A. 总是　B. 有时　C. 从不

30. 不敢担任新的职责，因为怕自己会犯错？

A. 总是　B. 有时　C. 从不

第四部分：他人情绪认知 (31 ～ 40)

31. 对同学、同事们的脾气性格有一定的了解？

A. 总是　B. 有时　C. 从不

32. 在意别人对自己的看法，生活无法轻松自在？

A. 总是　B. 有时　C. 从不

33. 经常留意自己周围人的情绪变化？

A. 总是　B. 有时　C. 从不

34. 当别人提出问题时不知怎样回答才让人满意？

A. 总是　B. 有时　C. 从不

35. 与人交往时知道怎样去了解和尊重他人的情感？

A. 总是　B. 有时　C. 从不

36. 与人相处时，不善于了解对方的想法或对方看待事物的方式？

A. 总是　B. 有时　C. 从不

37. 能够说出亲人和朋友的优点和长处？

A. 总是　B. 有时　C. 从不

38. 触痛别人或伤及别人的感情时，自己不能觉察？

A. 总是　B. 有时　C. 从不

39. 不认为参加社交活动是浪费时间？

A. 总是　B. 有时　C. 从不

40. 认为没有必要去考虑别人的感受？

A. 总是　B. 有时　C. 从不

第五部分：人际关系管理 (41 ～ 50)

41. 没有不愿同别人合作的心态？

A 总是　B 有时　C 从不

42. 对单位、学校及家庭既定的规则制度，不能照章行事？

A. 总是　B. 有时　C. 从不

43. 见到他人进步，没有不高兴的心情？

A. 总是　B. 有时　C. 从不

44. 对约定在先的事，无法履行兑现或草率了事？

A. 总是　B. 有时　C. 从不

45. 与人共事懂得不能“争功于己，诿过于人”？

A. 总是　B. 有时　C. 从不

46. 担心自己的意见或建议不好时，宁愿随声附和？

A. 总是　B. 有时　C. 从不

47. 与人相处能够“严于律己，宽以待人”吗？

A. 总是　B. 有时　C. 从不

48. 别人不同意自己的意见时，就会表现出不满或避而远之？

A. 总是　B. 有时　C. 从不

49. 知道失信和欺骗是友谊的大敌？

A. 总是　B. 有时　C. 从不

50. 觉得委屈求全是解决矛盾的好方法？

A. 总是　B. 有时　C. 从不

评分标准说明：

奇数题号选项的分值为，A 为 2 分，B 为 1 分，C 为 0 分；偶数题号选项的分值为，A 为 0 分，B 为 1 分，C 为 2 分。

测试结果：

得分在 81 ~ 100 分之间，说明情商水平较高，情绪稳定，乐观自信，人际交往、处理问题及社会适应能力较强，拥有积极健康的心理状态。

得分在 41 ~ 80 分之间，说明情商水平居中，尚需保持和发扬优势面，克服不足，不断提高。

得分在 40 分以下，说明情商水平偏低，情绪常波动起伏，人际交往、处理问题及社会适应能力欠佳。建议找出薄弱环节，有针对性地加强锻炼，不断提高自己的情商水平与综合素质。

逆商：淬炼生命的张力

逆商是指人们面对逆境承受压力的能力。和平年代，拥有应付逆境的能力更能使你立于不败之地。“苦难对于天才是一块垫脚石，对于能干的人是一笔财富，而对于弱者则是万丈深渊。”“苦难是人生最好的教育。”这些话告诉我们：磨难有助于激发我们的潜力，开阔我们的视野，促进我们走向成功，正所谓“吃得苦中苦，方为人上人”。

逆商及其构成与功能

逆商（Adversity Quotient，缩写为AQ）全称为逆境商数、厄运商数，一般也被译为挫折商或逆境商，是指人们面对逆境时的反应方式，即面对挫折、摆脱困境的能力，是美国职业培训师保罗·斯托茨提出的概念。

心理学家认为，一个人要想取得事业成功，必须具备高智商、高情商和高逆商。在智商相差不大的情况下，逆商对一个人的事业成功起着决定性的作用。

逆商高的人在面对困难时往往表现出非凡的勇气和毅力；相反，那些逆商低的人在困难面前则常常畏畏缩缩，最终一败涂地。

另外，高逆商可以帮助人们创造一流的生产力，可以帮助人们保持健康、活力和愉快的心情。有研究显示，逆商高的人手术后康复较快，在公司中升迁的速度也比逆商低的人快得多。高逆商是可以培养的，并且最好从小培养，所以现在许多教育机构都在提倡挫折教育。

逆商被划分为四个部分，即控制感、起因和责任归属、影响范围和持续时间。

控制感。指人们对周围环境的控制能力。面对逆境或挫折时，控制感弱的人只会逆来顺受，听天由命；而控制感强的人则会凭借一己之力能动地改变所处环境，相信人定胜天。控制感弱的人经常说，我无能为力；控制感强的人则会说，虽然很难，但这算什么、我一定有办法。

起因和责任归属。造成我们陷入逆境的起因大致可以分成两类，第一类属内因，如自己的疏忽、能力有限或未尽全力。第二类属外因，如合作伙伴配合不利、时机尚未成熟或者外界不可抗力。

逆商低的人在因内因陷入逆境时会说："都是我的错，我注定要失败。"他们在因外因陷入逆境时会说："都是因为时机不成熟、事前怎么就没想到会发生这样的情况呢？"而高逆商者，往往能够清楚地认识到使自己陷入逆境的起因，并甘愿承担应有的责任，他们能够及时地采取有效行动，在跌倒处爬起。

影响范围。高逆商者，往往能够将其在某一范围内陷入逆境所带来的负面影响控制在一定范围内，并能够将负面影响的程度降至最低。例如：他们身陷学习中的逆境，就仅限于此，而不会因此影响自己的工作和家庭生活；他们与家人吵架，就仅限于此，而不会因此失去家庭；他们因事争执，就仅限于此，而不会对当事人也有看法。高逆商者能够将逆境所产生的负面影响限制在一定范围，不致使其扩大到其他层面。越是能够控制逆境的影响范围，就越是可以把挫折视为特定事件从而从容应对。

持续时间。逆境所带来的负面影响的持续时间有长短之分。逆境将持续多久？造成逆境的因素将持续多久？面对这些问题逆商低的人往往会认为逆境将长时间持续，而事实也便会如他们所想的那样。

经历挫折是人生的必然

一个人一生中总会遇到许多不如意的事。例如，生了病不能外出游玩，在单位挨批评，恋爱婚嫁受挫，亲人亡故等。挫折是一种普遍的现象。我们在一生中要经历很多挫折，挫折的产生不以我们的意志为转移，重要的是我们要从挫折中学到经验教训。当挫折发生时，垂头丧气显然于事无补，我们要做的，除了坦然面对外，就是改变自己。

我们来看这样一个故事：

雨后，一只蜘蛛艰难地向墙上已经支离破碎的网爬去，由于墙壁潮湿，它爬到一定的高度，就会掉下来，它一次次地向上爬，一次次地掉下来……第一个人看到这只蜘蛛，叹了一口气，自言自语："我的一生不正如这只蜘蛛吗？忙忙碌碌而无所得。"于是，这个人日渐消沉。第二个人看到这只蜘蛛，说："这只蜘蛛真愚蠢，为什么不从旁边干燥的地方绕一下爬上去？我以后可不能像它那样愚蠢。"于是，第二个人变得聪明起来。第三个人看到这只蜘蛛，立刻被蜘蛛屡败屡战的精神感动了。于是，第三个人变得坚强起来。

这个故事告诉我们：对待同一事物，关键是我们怎样去思考，怎样去选择。面对太阳，你眼前是一片光明；背对太阳，你看到的是自己的阴影。其实，在人类社会发展史上，每一项成就，每一次进步，都伴随着许多挫折和失败。对我们个人而言也是如此。生活中人们的智力差别往往没有我们想象得那么大。一些被公认的天才人物，与其说他们智慧超群绝伦，倒不如说他们战胜挫折的勇气超乎常人。例如爱迪生，在试验电灯材料的过程中没有被挫折打垮，在失败很多次后仍然执著地试验下去，直到成功。

一个人只要在前进，就不可能避免遭受挫折。因为几乎任何一个进步都是伴随挫折而来的。

有人曾说："达到成功的次数只是比失败的次数再多一次。"也就是说，成功之前的挫败是跌倒、爬起的不断更迭，而最后一次，如果能爬起来，就成功了。

所有人都要懂得这样一个道理：只有通过逆境的磨砺，才能锻炼出驾驭人生的本领。磨难吞噬的都是意志薄弱的人。逆境是魔鬼，能夺走我们的光明；逆境也是天使，能给我们带来无尽的财富。

突破困境要先从内心开始

有这样一个实验：用隔板将箱子分为两部分，把40只狗关在其中的一部分里，隔板只有狗背高，然后从箱子底部对狗发出电击。狗如果跳过隔板到箱子另一边去，就可以逃脱电击，在这个过程中，狗会反复地跳跃来躲避电击。然后，实验人员在狗跳到箱子另一边时，也在箱体另一边通电，狗触电后再次向回跳跃，但原先一边也通着电。狗开始惨叫、发抖、畏缩，如此反复多次，狗就不再反抗，它们不再来回跳跃了，只是被动地等待电击。

这个实验显示，反复对动物施以无可逃避的电击会给动物造成无助和绝望情绪。

此后，又有人做过一项实验，将凶猛的鲨鱼和一群热带鱼放进同一个池子，然后用强化玻璃隔开。最初，鲨鱼每天不断冲撞那块看不到的玻璃，奈何这只是徒劳，它始终不能游到对面去。鲨鱼试了每个角落，每次都是用尽全力，但每次都是弄得伤痕累累。这样持续了一段时间，每当玻璃出现裂缝时，实验人员马上加一块更厚的玻璃。到了后来，鲨鱼不再冲撞那块玻璃了，对那些斑斓的热带鱼也不再在意了，仿佛它们只是墙上会动的壁画，而不再是可口的美味。这时，实验人员将玻璃取走，但鲨鱼却没有反应，每天仍是在固定的区域游着，对那些美味的热带鱼视若无睹。

心理学家把这种屡遭挫折后形成的放弃行为称为“习得性无助”，即反复的失败可以使人出现绝望情绪，失去信心，变得无助。

生活中许多人都处于这种“习得性无助”的状态，他们曾经屡屡尝试成功，但是往往事与愿违，屡屡失败。之后，他们开始怀疑自己的能力，不敢再去尝试，不再以曾经的热情去追求成功，而是自觉降低标准。即使原有的一切限制已经消失，他们也已经习惯于自我设定的高度，不再去尝试冲击新的高度。

因“习得性无助”而产生的自我设限，是一种对自我的否定，它的真正危险在于阻挠人们产生获得成功的希望。人只要怀疑自己，就会在面对生活的挑战时产生“生意太难做”，“我书读得太少”或“我的经验不足”等消极的观点。

实际上，随着人们的不断努力和条件的不断改变，原来的限制可能就会变成一扇虚掩的门。这时我们唯一需要突破的，就是自己的心理障碍。对于每一个人来说，身陷危机并不可怕，可怕的是心如死灰，精神崩溃。当我们身处困境时，如果能有效地进行自我调节，使自己尽快从失意的泥沼中解脱出来，就可能成为令人刮目相看的成功者。

我们可以根据美国作家罗杰·冯·伊区在《当头棒喝》一书中所列举的影响创造力发挥的“心理枷锁”进行自我比对，每日检查自己，如果发现自己戴上了所列“心理枷锁”中的某一种或几种，就要打破它。《当头棒喝》一书中所列举的“心理枷锁”是这样的：

一是正确答案。目前教育制度倾向于教导学生只有一个正确答案，因此，当得到一个答案之后，学生就会停止追求其他答案。这样的教育方式，会影响人们面对问题时的思考方式，影响产生解决问题的创新方法。

二是追求合乎逻辑。人们在寻找灵感、创意时，过多的逻辑思维将使创造性思维发生“短路”现象。

三是遵守常规。我们日常生活的行为，常会依循一定的常规。而这样有可能导致忽略其他方式的可行性，因而，也就难以发现其他创新构想。

四是囿于现有标准。由于人们惯以现有的标准来衡量一件事物，因而无法摆脱现状去想象而一旦缺乏想象，创造也就无从产生。

五是避免模棱两可。模棱两可的情况经常会被否定。殊不知人们在模棱两可的情况下往往更易激发想象力，进而孕育新的想法。

六是认为犯错是坏事。在人类的观念中，总认为犯错是不好的。但在追求正确的过程中，往往会产生错误的，然后针对错误，加以修正改良，最终形成正确的。

七是认为娱乐是无意义的。有人认为在严肃的气氛中才能把工作做好，而把娱乐视作无意义的活动。殊不知娱乐是创造性思维的起点，因为它能够解除人们的心理防卫，打开心理枷锁。

八是将自己限制在某一领域。将自己限制在某一狭小的领域中，就难以对其他领域的知识触类旁通，进而导致相对封闭的状态。

九是认为自己是没有创造力的。凡对自己的创造力深具信心的人，在创意萌芽阶段，就善于运用自己的智慧，并反复思考自己所拥有的知识，如此一来，创意也就容易产生了；反之，则会封闭自己的创造力，限制自己的思维能力和想象力。

不要被恐惧心理打败

恐惧是因为周围有不可预料、不可确定的因素而导致人们产生的无所适从的心理或生理的一种强烈反应。从心理学的角度来讲，恐惧是一种有机体企图摆脱、逃避某种情景而又无能为力的情绪体验,是一种带有强迫性质的,不以人的意志和愿望为转移的消极情绪。许多时候，打败我们的不是外界的困难，而是我们心中的恐惧。

我们来看看这样的一个故事：

美国一家铁路公司有一位调度人员尼克，他工作相当认真，做事也尽职尽力，不过他有一个缺点，就是他对人生很悲观，常以否定的眼光看世界。

有一天，铁路公司的职员都赶着给老板过生日，大家都提早急急忙忙地走了。不巧的是，尼克被意外地关在了冰柜里。

尼克在冰柜里拼命地敲打着、叫喊着，全公司的人都走了，根本没有人听到。尼克的手掌敲得红肿，喉咙叫得沙哑，最后他绝望地坐在地上喘息起来。

他心想，冰柜里的温度在 −20 摄氏度以下，如果再不出去，一定会被冻死。他只好用发抖的手，找来纸笔，写下遗书。

第二天早上，公司的职员陆续来上班。他们打开冰柜，发现尼克倒在里面。他们将尼克送去急救，但他已没有生还的可能。大家都很惊讶，因为冰柜里的冷冻开关并没有启动，巨大的冰柜里也有足够的氧气，而尼克竟然被“冻”死了！

其实尼克并非死于冰柜的温度，而是死于他自己心中的恐惧。因为一向不能轻易停冻的冰柜，在那一天恰巧因要维修而未启动制冷系统。而尼克一味想着自己会在冰柜中被冻死，结果就真的被“冻”死了。

恐惧能摧残一个人的意志和生命。它能影响人的身体，伤害人的修养，减少人的生理与精神的活力，进而破坏人的身体健康。它能打破人的希望，消磨人的志气，使人止步不前。

恐惧能摧残人的创造力，抹杀人的个性，使人的机能趋于衰弱。一个人一旦心怀恐惧，做什么事都不可能有高效率。

恐惧是人生难解的症结之一。面对自然界和人类社会，个体的生命进程从来都不是一帆风顺的，我们总会遭遇各种各样意想不到的挫折、失败和痛苦。当一个人预料将会有某种不良后果产生或受到威胁时，就会产生不良情绪，并因此紧张不安、烦恼、忧虑、甚至恐惧。现实生活中每个人都可能经历某种困难或危险的处境，从而体验不同程度的恐惧。

其实，没有人能够从不怯懦，最勇敢的人也不免有懦弱胆小、畏缩不前的状态。但如果一个人长期处于恐惧状态，就容易做事过于谨慎、小心翼翼、犹豫不决。在心中还没有确定目标之时，已有恐惧的心理，在稍遇挫折时便退缩不前，就不能充分发挥自己的才能，进而产生悲观失望的情绪，导致自我评价和自信心的下降，最终影响人生目标的完成。

一位男士在一次联欢会上想邀请一位女士跳舞，但是遭到了该女士的拒绝。这位男士觉得很“栽面子”，他经常回忆这件令自己不愉快的事，从此以后每到这种联谊的场合，便产生一种无形的恐惧感，不愿和他人说话，总担心别人会取笑他。这种不良情绪使得他与周围人的关系疏远，使他深感孤独，他虽然力图摆脱困境，却一次又一次地被恐惧感击败。

对于这种恐惧感，首先要学会身体放松。先坐在一个舒适的位置，使上背、颈及头有所支撑，所处地方要安静；然后慢慢深呼吸，让全身都放松，再深呼吸一次，闭上眼睛；检查全身是否有感觉僵硬或紧张的部位，想象自己沐浴在阳光之下，阳光温暖了僵硬紧张的部位；如果还是感觉到全身有某些部位紧张，可以握紧拳头，从一数到十，然后再放松。让身体保持放松状态 20 分钟。

然后，应该明确事件等级。当学会身体放松以后，就要找出使自己感到恐惧的事件，并认真分析自己对每一事件感到恐惧的程度，以便使自己变得更加理性。

最后，进行想象、放松训练，进行身体放松后，在头脑中逼真地再现那些引起自己恐惧的场合。先想象第一个情景，想象的时候恐惧情绪就会出现，当恐惧来临时，就让自己放松，进行有规律的深呼吸，尽量放松肌肉，以减轻自己的紧张状态，直至镇定自若。然后再想第二个情景，出现恐惧情绪，然后再放松，如此循环，直到恐惧情绪消失。

生活在现代社会，我们必须摒弃害怕受伤、畏惧挫折的心理，摆正心态。只有当恐惧被全然有效地清除，太阳才会闪光，阴霾才会消散，你才能找到力量、活力。以一颗健康有力的心尝试生活，明天才会有更好的开始。

挣脱"不可能"的禁锢

美国思想家、文学家、诗人爱默生说："相信自己能，便会攻无不克……不能每天超越一个恐惧，便从未学会生命的第一课。"在这个世界上很多看起来不可能的事，只要我们敢想、敢去闯，只要我们有智慧、有毅力，有让人敬重的品质，那些令人望而生畏的"不可能"就有被我们征服的可能。

多年前，有一位叫亨利的美国青年，他从小在孤儿院长大，身材矮小，讲话又带着浓重的乡土口音，因此他总是感到自卑，即使是最普通的工作也不敢去应聘，一直到30多岁他还一事无成，他觉得没有勇气继续活下去，多次产生了自杀的念头。

一天，亨利的一位好友跑过来告诉他：一份杂志里讲，拿破仑有一个私生子流落到美国，这个私生子有一个儿子，他的特点跟亨利很像：个子很矮，讲的也是一口带法国口音的英语。亨利半信半疑，在他亲自拿起杂志研究了半天后，开始相信自己就是拿破仑的孙子。此后，亨利因为自己的特殊身份而感到信心百倍，他不再为贫穷、矮小、乡土口音等特征自卑，而是凭着"我是拿破仑的孙子"的积极心态面对生活，他不断努力，几年后，成了一家大公司的董事长。

后来，他派人调查自己的身世，却发现自己其实和拿破仑一点儿关系都没有。但是，此时的他已经不在乎这个了，他说："现在，我是不是拿破仑的后裔已经不重要了，重要的是，我懂得了一个成功的秘诀，那就是：一个人一旦拥有了自信，就没有做不到的事情。"

心理学研究发现：外界的某种刺激能够激发起一个人的自信心，使其振作起来，努力实现自己的志向。这种社会心理现象，被称为"自信心效应"。

伊丽莎白是人们敬佩的人，是因为她勇敢尝试，始终坚持的毅力和决心。

伊丽莎白早在 1941 年就高中毕业了，之后，她陆续生了四个孩子。后来，她成为哈佛大学健康服务部门的员工。哈佛的学术氛围令她对学习产生了很大的兴趣，她开始尝试在哈佛"蹭课"。

但是在这之后的很多年里，她并没有正式注册当学生，因为她觉得自己没有能力完成哈佛的课程，她一度想放弃拿到哈佛学位的念头。

到伊丽莎白 73 岁时，同事和同学的鼓励让伊丽莎白产生了争取学位的念头。对于其他同年龄的老人来说，安享晚年是最好的选择。而伊丽莎白却不甘心就此放弃自己，她再次鼓起勇气，走入了哈佛的课堂，她给自己制定了“十年目标”，并经常向孩子们许诺，要在83岁之前从哈佛毕业。

在伊丽莎白82岁时，她获得了哈佛文科学士学位，还获颁了一个表彰其学术成就和品德的奖项。

在哈佛，伊丽莎白可谓是一位独特的学生。许多教授都以伊丽莎白的事迹作为案例来鼓舞学生：只要有足够的自信，这个世界上没有“不可能”的事！

无数事实告诉我们，人一旦拥有了自信，就会拥有巨大的能量。所以，只要拥有自信，再普通的人也会有成功的一天。

针对因自信心缺失而导致的“不可能”心理，心理学家提出了培养自信心的训练方法：

第一，挑战前排的座位

心理学认为，不愿意坐前排的都是对自己信心不足的人，他们害怕被太多人关注，所以更愿意躲在“不被注意的角落”。刻意挑前面的位子坐，就是为了克服这种没有信心、习惯逃避的表现，从而更好地建立自信心。

第二，练习正视别人

不敢正视别人往往是因为心理上的自卑或者其他不自信的原因，

而练习正视别人可以克服不自信的心理，让自己看起来更加光明正大。

第三，适当加快走路的速度

心理学家们将懒散的姿势、缓慢的步伐跟对自己、对工作以及对别人的不愉快的感受联系在一起。心理学家告诉我们，姿势和速度的改变可以使心理状态发生改变。将走路速度大约加快25%，抬头挺胸，大步向前，你就会感到自信心在增长。

第四，练习当众发言

拿破仑·希尔曾说，很多思路敏锐、天资高的人却无法发挥他们的长处参与讨论。并不是他们不想参与，而只是因为他们缺少信心。在会议中沉默寡言的人通常有这样一种想法：我的意见可能没有价值，如果说出来，别人可能会觉得很愚蠢，我最好什么也不说。而且，其他人可能都比我懂得多，我并不想让别人知道我是多么无知。从积极的角度看，当众发言将有助于信心的提升，下次遇到类似的场合也更容易发言。

第五，心情不好时咧嘴大笑

当你心情不好的时候，不妨试试咧嘴大笑，笑容可以使你紧张的心情得到放松，一直困扰你的问题也会被笑容赶跑，你会觉得美好的日子又来了，从而对未来充满信心。

第六，用肯定的语气消除自卑感

运用肯定或否定的措辞对同一件事物进行形容，可以产生天壤之别的效果。在很多情况之下，运用肯定的措辞有助于驱除自卑感，令人享受到愉快的生活。

第七，自我鼓励

将自己的优点一一总结出来，然后写在一张小纸片上，当自己没有自信的时候就看看。或者在进行一项工作之前对自己说："我一定能够做好！"

人生在世，要遭遇无数的"不可能"。若一味胆怯、退缩，你就永远无法战胜"不可能"。生活中有很多人被"我不能"左右着，沉浸在"我不能"的困境里，因此很多事都无法得到解决。其实，我们不妨把"我不能"埋进坟墓，把"我可以"立在桌旁，时刻以积极的心态来面对一切。

永远不要让"我不能"束缚自己的手脚，有时只要再向前迈进一步，再坚持一下，也许"我不能"就会变成"我可以"。

用新的希望与过去告别

心存希望才能获得胜利的果实，失去希望，生命就会枯萎。只要心中怀有希望，就没有什么能够阻挡我们对美好生活的追求，无论脚下路有多长。

在希腊神话中，潘多拉打开了宙斯给她的盒子。疾病、疯狂、罪恶、偷窃、妒忌、贪婪等各种各样的祸害，飞速地散落到大地上，只有智慧女神雅典娜为了挽救人类命运而悄悄放在盒底的“希望”还没来得及飞出盒子。从此，人们在遭受不幸的时候，心底依然保留着希望。

希望为我们带来美好，美好的希望更是让人激动，让人无限憧憬。希望使人们不断奋斗、拼搏，让社会天天进步。让我们播种希望，采摘幸福的果实吧。拥有希望，我们将活得生机勃勃、激昂澎湃，哪里还有时间去叹息、去悲哀，并将生命浪费在一些无聊的小事上，让时光荒废在回忆过去中呢？生命是有限的，但希望是无限的。只要我们不忘每天给自己一个希望，解开套牢自己的怀旧绳索，告诉自己不能活在回忆当中，我们就一定能够在生活中获得快乐。

钱锺书先生曾说：“天下只有两种人。比如一串葡萄到手，一种人挑好的先吃，另一种人把最好的留到最后吃。照例第一种人应该乐观，因为他每吃一颗都是吃剩的葡萄里最好的；第二种人应该悲观，因为他每吃一颗都是吃剩的葡萄里最坏的。不过事实却适得其反，缘故是第二种人还有希望，第一种人只有回忆。”

你是每天都怀有希望，还是时常活在回忆中？我们每个人都应该努力成为钱锺书先生所说的第二种人，心怀希望，积极投入生活，不让回忆羁绊自己的脚步。过分依恋过去是对现实的一种逃避。

许多人都有“爱回忆”的怀旧心理，怀旧其实是一种情结，它会让人牢牢地记住无数次感受过的欢愉，或者是沉溺在过去的苦痛中不能自拔。但是过分感念过去，就会落入情感的怪圈，让自己和周围的人承受很多痛苦。治疗怀旧心理最好的方法就是每天播种一个希望，让希望引领你走出过去，迎接每一个崭新的日子。

有这样一个故事：

有一位弹奏三弦琴的盲艺人，渴望能治好自己的眼睛，但是他遍访名医，名医们都说没有办法。一天，盲艺人碰见一个道士，这位道士对他说："我给你一个保证能治好眼睛的药方，不过，你得弹断一千根琴弦，才可以打开这张纸。如果你在这之前打开这张纸，是不能生效的。"于是，这位盲艺人带着也是双目失明的小徒弟游走四方，以弹唱为生。

一年又一年过去了，在他弹断了第一千根弦的时候，这位盲艺人急不可待地将那张珍藏在怀里的药方拿了出来，请人代他看看上面写的是什么药方。那人接过纸来一看，说："这是一张白纸嘛，并没有写一个字。"盲艺人听了潸然泪下，他明白了道士那"一千根弦"背后的意义。就是这样一个"希望"，支撑着他弹下去，而匆匆几十年他就如此活了下来。

年迈的盲艺人没有把真相告诉徒儿，他将这张白纸慎重地交给了也十分渴望能够看到光明的弟子，对弟子说："我这里有一张保证能治好你眼睛的药方，不过，你得弹断一千根弦才能打开这张纸。现在你可以去收徒弟了。去吧，去游走四方，尽情地弹唱吧，等到第一千根琴弦断了，就有答案了。”

这个故事告诉我们：不要回避今天的真实与琐碎，走脚下的路，唱心底的歌，把头顶的阳光编织成五彩的云裳，为你遮挡风霜雨雪。

一个人要及时走出过去的阴影。没有一个人是没有过失的，如果有了过失能够下决心修正，即使不能完全弥补损失，只要继续不断地努力下去，也就对得住自己的良心了。徒有感伤而不从事切实的补救工作，那是最要不得的！

持续不断地靠怀念过去来逃避现实，的确是一种无益的习惯，其结果往往是使人逃避成熟的思考，而进入一种虚无缥缈的幻想境地。虽然我们不能抛弃回忆，可是我们也不能做回忆的奴隶。我们应当吸取过去的经验教训，但也不能总在阴影下活着。内疚是对错误的反省，是人性中积极的一面，却属于情绪的消极一面。我们应该分清这二者之间的关系，反省之后迅速行动起来，把消极的一面变积极，让积极的一面更积极。让我们在心灵的角落里，珍藏起我们走过的路上遭遇的种种喜怒哀乐、酸甜苦辣，然后，把更广阔的心灵空间留给现在，留给此时此刻！

如何培养逆商

在智商都相差不大的情况下，逆商对一个人的事业成功起着决定性的作用。要想事业成功，人生辉煌，就必须培养高逆商。

第一，要正确认识人生的挫折和逆境

司马迁说过："文王拘而演周易；仲尼厄而作春秋；屈原放逐，乃赋离骚；左丘失明，厥有国语；孙子膑脚，兵法修列……"这些都是高逆商的人。高逆商支撑他们战胜困厄灾难，化险为夷；高逆商帮助他们走出人生低谷，走向事业辉煌。纵观古今中外，那些名垂史册的政治家、科学家、艺术家、军事家、实业家，无一不是历经坎坷，备尝艰辛，一次次被击倒，又一次次站起来，顽强不屈，坚韧不拔。

人生不可能一帆风顺，总会有挫折和逆境，成功者与失败者的最大差别，就是对待逆境的态度。成功者善于把逆境当成磨炼自己的燧石，每走出一段逆境，就会提升自己一次，使自己意志更加坚强；而失败者在逆境面前畏首畏尾，无所作为，或者遇到挫折便一蹶不振，结果只能品尝失败的苦果。美国的《成功》杂志每年都会报道当年最伟大的东山再起者和创业者，他们的传奇经历中有一个相同的部分，那就是他们在遇到逆境时始终保持乐观的态度，从不轻言放弃。

第二，要树立战胜逆境的信心和决心

要始终坚信，任何时候，办法总比困难多，山高高不过太阳，只要坚持不懈，总会水滴石穿，只要奋力拼搏，就有迎来胜利曙光的希望。逆境并不可怕，可怕的是我们逆商太低，缺少战胜逆境的信心和决心，被逆境吓倒。长征路上的红军将士们，他们爬雪山，过草地，冲破敌人的层层包围圈，强渡大渡河，飞夺泸定桥，攻破腊子口，奇袭娄山关，长驱两万五千里，克服了一个个难以想象的困难，战胜了一个个穷凶极恶的顽敌，终于胜利到达陕北，完成了伟大的战略转移。红军在长征路上经历了无数的坎坷，但他们都一次又一次地闯过来了，这就得益于他们战胜逆境的信心和决心。

第三，要有百折不挠的韧劲和吃苦精神

光有战胜逆境的信心和决心还不够，还要有战胜逆境的能力，逆商的高低大小，最终要落到实际行动上，最主要体现在两个方面，一是要有不屈不挠的韧劲，“咬定青山不放松，任尔东西南北风”。孙中山为推翻清朝政府，前后进行了多次起义，经历了一次又一次的失败，但他越挫越勇，毫不气馁，终于迎来了辛亥革命的成功，建立了不世功勋。二是不怕吃苦。能吃世间难忍之苦，方能成天下过人之事。基于这个道理，为提高孩子的逆商，日本许多学校对中小学生进行“荒岛”生存实验，一些幼儿园对儿童进行四季裸体锻炼，培养其吃苦精神，磨炼其意志品质。印度则设立“饥饿日”，让孩子们增强忍耐饥寒的能力。近年来，国内一些高校也组织大学生开展野外“拓展生存”训练，大学生们感觉收获很大。

世事多艰，逆境与挫折会常伴随我们，那么，提高逆商，增加面对挫折、摆脱困境和超越困难的能力，就应该成为我们涉世创业的必修课，我们立足社会的基本功。

逆商测试

下面这十五道逆商测试题是根据保罗·斯托茨教授的研究，从控制感、主动性、影响范围、持续时间四个方面设计的。数字的增减表示得分的多少。

所谓控制感，即在面对逆境时，那些逆商较高的人认为自己能比逆商较低的人表现出更多的控制力和影响力，即使情况超出他们的控制范围，那些拥有较高逆商的人也往往能够找到一些他们能够控制的方面。而那些逆商较低的人则倾向于作出很少的反应或根本不作出反应，然后放弃。所谓主动性，即承担责任的勇气和能力。承担责任是行事的关键部分。那些具有较高逆商的人会主动负责处理事务，而不管这件事是否和他们有关。相反，那些逆商较低的人会避开承担责任，并常常感到无奈和受伤害。所谓影响范围，即在解决问题时把逆境控制在一定的范围之内。那些具有较高逆商的人能够将挫折和挑战控制在一定范围之内，不让它们干扰到自己工作、生活的其他领域。而那些逆商较低的人则倾向于将逆境认定为灾难性的失败，并将这种挫折感带到其他领域。所谓持续时间，即以超越当前困难的眼光看待问题的能力。那些具有较高逆商的人，既能够留心接踵而至的困难，又能够拥有希望、保持乐观。而那些逆商较低的人则认为逆境会无休止持续下去，即便事实并非如此。

那么，你的逆商怎么样呢？下面就来测试一下吧。

1. 因为自己的过失，而使一个重要会议或约会失败，这件事情对你影响的如下：

5 分，很快过去没有影响；4 分，有一定程度的影响；3 分，有影响；2 分，影响较深；1 分，影响到生活的方方面面。

2. 你的工作或经营严重失败，该事件给你带来的情绪影响将会是：

5 分，很快过去没有影响；4 分，有一定程度的影响；3 分，有影响；2 分，较深影响；1 分，影响到生活的方方面面。

3. 你信任的朋友或亲人伤害了你，该事件给你带来的情绪影响将会是：

5 分，很快过去没有影响；4 分，有一定程度的影响；3 分，有影响；2 分，影响较深；1 分，影响到生活的方方面面。

4. 你的领导没有批准你急需的假期，该事件给你带来的情绪影响将会是：

5 分，很快过去没有影响；4 分，有一定程度的影响；3 分，有影响；2 分，影响较深；1 分，影响持续很长一段时间。

5. 当你清楚自己因作息习惯和饮食习惯不好而受到不良影响时，你能改善吗？

5分，完全能；4分，大多数情况下可以；3分，信心不足，但有可能；2分，很难改变；1分，一点也不。

6. 你正陷入经济危机，你能否主动改善目前现状？

5分，完全能；4分，大多数情况下可以；3分，信心不足，但有可能；2分，很难改变；1分，一点也不。

7. 你的私人生活和事业之间出现失衡，甚至出现矛盾，你能否改善这种情况？

5分，完全能；4分，大多数情况下可以；3分，信心不足，但有可能；2分，很难改变；1分，不可能。

8. 你负责的事情或组织的活动没能达成目标。你自认为应为改善这种状况承担多少责任？

5分，负完全责任；4分，感到自己应该负责任；3分，有责任，以后改善；2分，该做的已经做了，应该分析下原因；1分，一点责任也没有。

9. 你丢了对你来说十分重要的东西，该事件给你带来的影响将会是：

5分，很快过去没有影响；4分，有一定程度的影响；3分，有影响；2分，影响较深；1分，影响到生活的方方面面。

10. 你错过了一次晋升机会，你自认为应为改善这种状况承担多少责任？

5分，负完全责任；4分，感到自己应该负责任；3分，有责任，以后改善；2分，该做的已经做了，应该分析下原因；1分，一点责任也没有。

11. 你已经接连几次遭遇同样的业务失败，你还愿意继续面对失败原因吗？

5分，完全能；4分，大多数情况下可以；3分，信心不足，但有可能；2分，很难改变；1分，不可能。

12. 你满腔热情处理的工作或项目被突然告知需要终止，该事件给你带来的影响将会是：

5分，很快过去没有影响；4分，有一定程度的影响；3分，有影响；2分，影响较深；1分，影响到生活的方方面面。

13. 老板坚决不同意你的“良好”意见，该事件给你带来的情绪影响将会是：

5分，很快过去没有影响；4分，有一定程度的影响；3分，有影响；2分，影响较深；1分，影响到生活的方方面面。

14. 对你提出的最新观点，人们持反对意见，你能否改善这种情况？

5分，完全能；4分，大多数情况下可以；3分，信心不足，但有可能；2分，很难改变；1分，不可能。

15. 你不小心删除了一份十分重要的邮件，该事件给你带来的影响将会是：

5 分，很快过去没有影响；4 分，有一定程度的影响；3 分，有影响；2 分，较深影响；1 分，持续很长一段时间。

测试结果：

如果你的分数在 60 ~ 75 分之间，说明你的逆商较高；

如果得分在 45 ~ 60 分之间，说明你的逆商水平中等；

如果得分低于 45 分，则说明你的逆商水平较低。

德商：品格比才能重要

德商是指一个人的德性水平或道德人格品质，内容包括正直宽容、诚实等各种美德。一个有高德商的人，会受到别人的信任和尊敬，自然会有更多成功的机会。古今中外，一切真正的成功者，在道德上都达到了很高的水平。

德商及其重要价值

德商（Moral Intelligence Quotient，缩写为MQ），是指一个人的德性水平或道德人格品质。德商的内容包括正直宽容、诚实等各种美德。

人生的发展规律是：高尚的道德形成高尚的品格、高尚的事业和高尚的命运，没有高尚的道德，便没有高尚的品格，便没有高尚的事业，便没有高尚的命运。德商是人安身立命的法宝。德商引领我们将人类普遍适用的一些原则运用到我们个人的行动中去。

我国著名教育家陶行知先生说："千学万学，要学会做人。"我国古代圣人们也告诉我们：德高才能望重。我国最著名的高等学府清华大学的校训是：自强不息，厚德载物。可见，道德是人生的基础，人生发展的每一步都跟我们的道德水准有着关联。如果忽略了品德培养和健康人格的构建，就容易出现一些智商很高、成就有限的人，甚至有的智商很高的人成了“歪才”、“邪才”。

为了帮助你更好地理解德商的精髓，建议把握如下几点：

第一，德商是个人行动的道德罗盘

套用全球定位系统的说法，德商在某种程度上犹如人生的“道德定位系统”。众所周知，全球定位系统可以帮助人们在陌生城市、复杂地貌和不利天气下确定自己的地理位置，并且找到前进的方向。相类似地，德商也能够以“道德罗盘”的形式帮助人们确定行为和目标的方向，使人们更好地驾驭自己的资源获取成功。不过不同于全球定位系统，德商并不是一个“可有可无”的配件，而是希望获得成功的人们的必备装置。德商在人的职业发展中是至关重要的。

第二，能自律方能有良好的人际关系

卡耐基在20世纪就指出，一个人的成功，即使在技术性很强的领域，70%要靠人际关系。在现代社会，一个人的智商固然重要，但社会分工越来越细，很多工作，离开他人的合作与支持便难以完成。德商高则意味着能开创和拥有良好的人际关系，促进成功。

第三，能自律，方能他律

对很多人的职业生涯来讲，提高管理是重要的主题，不断地向更高的管理岗位迈进，可以更大限度地实现自己的人生价值并取得丰厚的回报。调查数据表明，职位越高，德商的作用越大，在企业高层领导中尤其如此。

第四，能自律，方能可持续发展

俗话说，不怕慢，只怕站。一个人的成长和发展，最怕跌跤，跌得轻还好，跌得重了，也许就一蹶不振，一辈子也难以东山再起。古往今来，这样的例子举不胜举。政界，无数高官因管不好自己的私欲而落马；商界，许多巨贾因管不好自己的心态而沉船。管好自己，才能管好自己的前程。

总之，真正有大成就的人，是道德与智慧并存的。德商高，你的人生之路更易成就非凡；德商低，再有才智也可能一事无成。

同情心是走向成功的基石

慕尼黑的人事咨询专家怀特黑德·曼说："没有同情心就不会成功。对别人的关心必须真心实意。那些只把别人当工具滥用的人，很快就会被看穿，最终自取失败。"培根说："同情在一切内在的道德和尊严中为最高的美德。"孟德斯鸠也说过："同情是善良心所启发的一种情感之反映。"所以，人不可无同情心，同情心可以使人变得可亲可敬，变得伟大崇高。同情是个人感受别人情感的重要途径，是人类相互理解的基础。主动去帮助自己的伙伴，帮助那些遇到困难的人们，真诚热情地对待别人，是成功者最基本的道德素质，是走向成功的基石。

培养我们对别人的同情心，牵涉到设身处地替别人想，将焦点从自己身上移开，想象处在别人的困境是怎样的滋味。这个认知的过程是了解别人的问题、痛苦和挫折也跟我们的一样真实，甚至还更糟。发现这个事实，并且试着提供一些帮助，我们不但打开了自己的心，也大大培养了我们同情心。

同情心可以靠练习来培养。这包含两个方面：意图和行动。意图表示你有意识地对别人敞开心扉，你扩充了关心的范围，推己及人。行动是“你对这件事情做了什么”。你可以定期捐一点钱或时间给慈善机构。你也可以给街上的人一个友善的微笑和真诚的“招呼”。重要的不是你做了什么，而是你采取行动，做了一点事。恰如德蕾莎修女提醒我们的：“我们无法在人间做伟大的事情。我们只能用大爱来做小事。”

同情心不是廉价的，同情值得同情的人，帮助值得帮助的人，同时，能善待自己的家人，善待自己身边的人。“老吾老以及人之老”是个很高的境界。所以，千万不要丢掉自己的同情心，否则，你的德商就只能在一个很低的水平徘徊。

爱永远是我们的力量源泉。一个充满爱心的人，更有能力去爱、去同情他的亲人和他周围的人，去爱这个社会，乃至整个世界。这样的人更能拥有远大的目标和理想，更能产生创造的欲望和激情，更能挖掘自身的潜能和智慧，进而成就一番辉煌的事业。因此，我们说，同情心是我们走向成功的基石。

坚持正直是成功的正轨

正直能帮助我们妥善处理人际关系中的纠葛，明辨是非。正直使得我们一旦偏离了道德的轨道，就会忐忑不安；正直使得我们面对诱惑也能坚决抵制，增强我们抵御那些与善行背道而驰的力量。因此，坚持正直是成功的正轨。

那么，怎样培养正直的道德品质呢?

第一，坚持正直的信念

假如你能保持正直，即使你在财富、地位上没有大的收获，你的内心也会是快乐和满足的。秉承正直的人，无论在哪个阶层，即使心术不正的人也会对他肃然起敬。人类之所以充满希望，原因之一就在于人们对正直具有一种近于本能的识别能力，而且不可抗拒地被它所吸引。

第二，勇于承认错误

正直不是不犯错误，敢作敢为也不见得事事都做得对，但正直者一旦认识到自己的错误，就会勇于承认，勇于改正。有的人明知是错也不承认，怕认了错便毁了自己的形象，失去自己的地位，这也不是正直之举。

第三，敢说敢为

正义需要正直的人来维护，社会需要正直的人站出来对不公正发出怒吼。正直者有时候也会被打倒，但纵然被打倒一万次，正直者的脊梁也一定是直的。

见到不平，不敢说、不敢制止，如何能正直？假如一个人这也害怕，那也小心，唯恐自己受到不公待遇，唯恐得罪人遭打击报复，唯恐自己的利益丢失，纵然路见不平，也绕而行之，那么，这样的人也许能够偏安一时，但最终也会成为不公正的牺牲者。

责任心是通往成功的桥梁

一个人是否有责任心，决定了他做事是尽心尽责还是浑浑噩噩，而这又在某种程度上影响了他做事结果的好坏。有责任心是一种美德、一种境界。可以说，拥有强烈责任心的人更易攀上成功的巅峰。而如果缺少责任心，成功也就无所依傍。

对于渴望成功的人，多承担一些责任，多一些责任心，其职场生涯将会更精彩，而且这样的人也会得到更多薪水以外的资源财富。

许多人都知道这样一则故事：

美国有个“福特公司”。福特是一个人的名字，福特大学毕业后，去一家汽车公司应聘。和他一同应聘的三四个人都比他学历高，当前面几个人面试之后，他觉得自己没有什么希望了。但既来之,则安之。他敲门走进了董事长办公室，一进办公室，他发现门口地上有一张纸，便弯腰捡了起来，他发现是一张废纸，便顺手把它扔进了废纸篓里，然后才来到董事长的办公桌前，说：“我是来应聘的福特。”董事长说：“很好，很好！福特先生，你已被我们录用了。”福特惊讶地说：“董事长，我觉得前几位都比我好，你怎么把我录用了？”董事长说：“福特先生，前面三位的确学历比你高，且仪表堂堂，但是他们的眼睛只能‘看见’大事，看不见小事，而你的眼睛能看见小事。我认为：能看见小事的人，将来自然能看到大事；而一个只能‘看见’大事的人，往往会忽略很多小事，这样的人是不会成功的。所以，我才录用你。”福特就这样进了这个公司。这个公司不久就扬名天下，福特把这个公司改为“福特公司”，也相应改变了整个美国国民经济状况，使美国汽车产业在世界独占鳌头，这就是今天“美国福特公司”的创造人福特。

责任心是什么？责任心是一个人对自己和他人、对家庭和集体、对国家和社会所负责任的认识，以及与之相应的遵守规范、承担责任和履行义务的自觉态度。它是一个人应该具备的基本素养，是健全人格的基础，是家庭和睦、社会安定的保障。

有了责任心，再危险的工作也能减少事故发生的可能；没有责任心，再安全的岗位也会出现险情。责任心强，再大的困难也可以克服；责任心差，很小的问题也可能酿成大祸。

总之，一个人有了责任心，生命就会闪光；大家都有责任心，世界才会变得更精彩！可以肯定，任何一个想要获得成功，想要在事业上取得非凡成就的人，都必须拥有责任心。

具有责任心甚至就是对自己不喜欢的工作毫无怨言地承担，并认认真真地做好。那么，怎样做一个有责任心的人呢？

第一，对自己负责

一个人要懂得尊重自己的感情，尊重自己的理想，珍惜自己的宝贵年华和生命的活力，从自己的理想出发来安排现实生活。责任感的形成是一个人成熟的标志。一个人如果什么也做不好，就是对自己不负责任，而最终受影响最大的还是他自己。

第二，对集体负责

一个人的责任心如何，决定着他在工作中的态度，决定着其工作的成败。一个人如果没有责任心，即使他有再大的能耐，也不一定能做出好的成绩来。一个人有了责任心，才会认真地思考，勤奋地工作；才会按时、按质、按量完成任务，圆满解决问题；才能主动处理好分内与分外的相关工作，有人监督与无人监督都能主动承担责任而不推卸。不论你是一名默默无闻的一般员工，还是大权在握的领导者，都应有责任心，凡事尽心尽力而为，以主人翁的身份和态度积极投身到工作中。

诚信是成功的前提

李开复曾经说："坦诚守信的价值观是人生的基石，是成功的前提。"李开复说得非常有道理。那些取得巨大成功的人士都有许多共同的特点，其中之一就是坦诚守信。比如美国总统亚伯拉罕·林肯就是一例。

亚伯拉罕·林肯于1809年2月12日出生在一个农民家庭。他小时候，家里很穷，没机会上学，每天跟着父亲在西部荒原上开垦、劳动。他说："我一生中进学校的时间，加在一起总共不到一年。"但林肯勤奋好学，一有机会就向别人请教。没钱买纸笔，他就在土沙地上和木板上写写画画，练习写字。无论在放牛、砍柴、挖土还是在吃饭休息时他怀里总揣着一本书。

长大后，林肯离开家乡独自一人外出谋生。他什么活儿都干。但不管干什么，他都非常认真负责，诚实而且守信用。

他十几岁时当过村子里杂货店的店员。有一次，一个顾客多付了一些钱，他为了退还这些钱跑了十几里路。还有一次，他发现少给了顾客茶叶，就跑了几里路把茶叶送到那人家中。他诚实、好学、谦虚，每到一处，都受到周围人的喜爱。

当律师以后，由于精通法律，口才很好，他在当地很有声望。很多人都来找他帮着打官司。但是他为当事人辩护有一个条件，就是当事人必须是正义的一方。许多穷人没有钱付给他劳务费，但是只要告诉林肯："我是正义的，请您帮我讨回公道。"林肯就会免费为他辩护。

一次，一个很有钱的人请林肯为他辩护。林肯听了那个客户的陈述，发现那个人是在诬陷好人，于是就说："很抱歉，我不能替您辩护，因为您的行为是非正义的。"

那个人说："林肯先生，我就是想请您帮我打这场不正义的官司，只要我胜诉，您要多少酬劳都可以。"

林肯严肃地说："只要使用一点点法庭辩护的技巧，您的案子很容易胜诉，但那是不公正的。假如我接了您的案子，当我站在法官面前讲话的时候，我会对自己说：'林肯，你在撒谎。'谎话只有在丢掉良心的时候，才能被大声地说出口。我不能丢掉良心，也不可能讲出谎话。所以，请您另请高明，我没有能力为您效劳。"

那个人听了，什么也没说，默默地离开了林肯的办公室。

林肯后来成为美国第16任总统。他颁布了《解放黑人奴隶宣言》，维护了联邦统一，为美国日后跃居世界头号工业强国奠定了基础，使美国进入经济发展的黄金时代，被称为“伟大的解放者”。

林肯的故事告诉我们，工作当中，我们可能由于诚信而暂时失掉某些想要的东西。但是，在漫长的人生中，你需要树立诚信，使自己为别人信赖。

日本著名的佛学大师池田大作曾经说过：一个诚信的人，不论他有多少缺点，别人同他接触时，心神都会感到清爽。诚信的人，一定能找到幸福，在事业上有所成就。这是因为诚信的人以诚待人，别人也会对他们以诚相待。诚信是一种美德，对别人诚信才能获得别人的信任和尊敬。如果你是个诚信的人，同事和上司就会相信你。一个人只要诚信地为人处世，就容易获得他人的理解与支持。

诚信是宝贵的财富。坚持诚信的人，一定会得到丰厚的回报。

有个富翁，渡河的时候遭遇翻船，他大喊救命。一个船夫听到喊声，划着小船去救这个富翁。船还没到，富翁便嚷道：“快来救我！上了岸我给你100两黄金。”船夫把富翁救上船。上岸后，富翁只给了那船夫10两黄金。

船夫说：“方才你说给我100两黄金，如今只给我10两，怎么能这样！”富翁听了斥责道：“你不过是个船夫，一天能挣多少钱？现在一下子就赚了10两黄金，你还不满足？再啰唆，连这10两都不给！”船夫摇摇头走了。

不料，只过了一个月，富翁再次乘船顺江而下，船撞在礁石上翻了，他又落水了。刚好船夫在岸边钓鱼，听到富翁喊救命，他动也不动。有人问他：“你为什么不去救他？”船夫回答说：“这就是那个没有信用的人。”

听了船夫的话，没有一个人愿意去救那富翁，最后富翁被淹死了。

获得众人的信任，铸就自己的信誉。诚信是取得成功的秘诀。大凡成功的商人，他们在创业之初，都需要经受诚信的考验。

李嘉诚说：一个诚信的开始意味着一个良好信誉的开始，有了信誉，自然就会有财路，诚信是必须具备的商业道德。就像做人一样，忠诚、有义气，对于自己说出的每一句话、作出的每一个承诺，一定要牢牢记在心里，并且一定要能够做到。当你建立了良好的信誉后，成功、利润便会随之而来。

李嘉诚不仅是财富超人，而且被誉为诚信超人。其实，李嘉诚在创业初期时的资金也是极为有限的。一次，一位外商希望大量订货，但提出需要有实力的厂商作保。李嘉诚努力跑了好几天，仍一无着落，但他并没有捏造事实，或是含糊其辞，而是将一切据实以告。那位外商深为他的诚信所感动，对他十分信赖，说："从阁下言谈之中看出，阁下是一位诚实君子。不必其他厂商作保了，现在我们就签约吧。"虽然这是个好机会，但李嘉诚感动之余还是说：先生，蒙您如此信任，我不胜荣幸。但我还是不能和你签约，因为我资金真的有限。外商听了，极佩服他的为人，不但与之签约，还预付了货款。

这笔生意使李嘉诚赚了一笔可观的钱，为他以后的发展奠定了基础。由此，李嘉诚也悟出了"坦诚第一，以诚待人"的原则，并获得了巨大成功。

做人要讲诚信，这是做人的根本。对于优秀的企业家来说，他们深深懂得诚信的含义，他们认为，诚信往往能够给他们带来无穷的财富。日本山一证券公司的老板小池说过："做生意成大事者第一要诀就是诚实守信，诚实守信像是树木的根，如果没有根，树木就别想有生命了。"

许多人认为"老实人吃亏"，"老实就是无用的代名词"，这种偏见是非常有害的。无数事实证明，诚实守信的人并不吃亏。播种诚实，可以收获信誉；播种欺骗，只能收获失败。

尊重他人才能创造成功人生

尊重他人是一种美德，它需要我们在生活中了解别人的感受、为别人着想，并让我们学会用希望别人对待我们的方式去对待别人，真正做到“己所不欲,勿施于人”。一个尊重别人的人很少会用暴力、辱骂的方式仇恨、对待别人。当尊重融入我们的生命的时候，我们就能更好地去感受和体味人际关系的奥妙，创造出和谐、快乐的成功人生。

尊重他人是一个人最起码的道德修养。一个人如果连尊重他人都做不到的话，也不会有很大的作为。因为，没有人愿意与这样的人合作。

小枫曾经在美国的一家快餐店打工。有一天，她错把一小包糖当做咖啡伴侣给了一位女顾客。这位女顾客非常恼火，因为她很胖，正在减肥，必须禁食糖和一切甜品。女顾客大声嚷嚷，简直把那包糖当成了毒药：“哼，她竟然给我糖！难道她还嫌我不够胖？”

那时，小枫完全不懂减肥对美国人有多么重要，她愣在那里，不知所措。

这时，女经理闻声而来，她在小枫耳边轻轻地说：“如果我是你，马上道歉，把她要的快给她。”

小枫照着做了，再三道歉，那女顾客才安静下来。这件事是快餐店的一个小插曲，小枫等着经理来批评她。可是，经理只是过来对小枫说："如果我是你，下班后我会把这些东西认认真真熟悉一下，以后就不会拿错了。"

不知为什么，这一句"如果我是你"，竟令小枫十分感动。后来，她在学校上课，在其他地方打工，逐渐发现，老师也好，老板也好，明明是对她提出不同意见，明明是批评她，却很少有人会直截了当问她你怎么做成那样，叫她以后不能那么做！他们常常委婉地对小枫说："如果我是你，我大概会这样做……"这使小枫不感到难堪，不感到沮丧，反而让她感到有那么点温暖，受到鼓励。仔细分析，他们说话时只是多了"如果我是你……"，就一下子站到了对方的立场。这样一来，大家一平等，情绪自然不会对立，沟通就更容易进行。

小枫后来碰到的一件事，使她有了新的认识。有一次，她去好莱坞一个美国演员家做杂工。女主人给她布置完工作，突然问她："我能够吸烟吗？"小枫吃了一惊，说："你是在问我？"她说："是啊，我想抽支烟。"小枫说："这是你的家呀，怎么还要问我？"她说："吸烟会妨碍你，当然应该得到你允许。"小枫赶忙说："你以后不用问，尽管吸好啦！"

女主人这才拿起烟把它点燃。那天，小枫愣了许久，也想了许久。怎么这么奇怪？一个人在自己家里抽烟，还要温文尔雅地来征求一个清洁工的同意，真是匪夷所思！然而，小枫不得不承认，那一刻，她非常高兴，非常感动。

小枫的故事值得我们每个人深思。她犯的错误我们每个人可能都犯过，而她做杂工时受到的待遇并不是人人都会遇到。一个人在自己家里抽烟竟然想到要征得别人的同意，这种尊重对他人产生莫大触动。我们也因此受到极大教育：尊重他人，不仅使别人感到幸福，更会使自己受到别人莫大的尊重。

其实，人类行为法则中有一条就是尊重他人，实用主义哲学家杜威也说："人类最迫切的愿望，就是希望自己能受到别人的重视。"如果你遵循了这一法则，就会给自己创造出和谐、快乐的人生；如果你违反了，就会陷入无止境的挫折和沮丧中。

有些人自尊心很强，以为尊重了他人，就显得自己的地位低下了，因而，放不下架子，不愿意尊重他人，跟谁都是盛气凌人、颐指气使，以为这样就显得自己地位尊贵了；还有的人对自己的上级、领导、长辈、客户、同学、同事、战友等能够做到尊重，但是对于素不相识的老人、小孩、残疾人、地位比自己低的人就不那么尊重了。其实这种人终究也不会得到别人的尊重。

每个人都应当尊重他人。尊重他人的生活、尊重他人的工作、尊重他人的选择。尊重他人是一个人应当具备的重要品德。不尊重他人的人也不会得到他人的尊重。你想获得别人的尊重吗？那么请尊重他人吧！

宽容是一种豁达的风范

宽容的人在对待与自己观点不同、见解不同的人时，会耐心思考这些差异的来源，而不是简单地认为别人错了。宽容使得人类在面对与自己不同种族、不同信仰、不同文化的同类时，能够发现共同点，保留差异性，而不强求所有人都一样。

中国自古就提倡“君子有容，其德乃大”，“不责人小过，不发人阴私，不念人旧恶。三者皆可养德，亦可以远害”……宽容是一种豁达的风范，一个器量小、无法宽容别人的人是不受欢迎的。宽容待人，就是在心理上接纳别人，学会接受别人的缺点与不足。宽容是人和人之间必不可少的润滑剂。

宽容是衡量一个人气质涵养的尺度之一。宽容是对别人的一种尊重、一种接受、一种关爱，有时候宽容更是一种力量。

有一位业务员，外出时丢失了手提包，里面除了一些钱物，还有公司的公章。当他既内疚又担心地站在总经理面前，讲完所发生的事情后，总经理笑着说：“下次注意就行了，正好你用的手提袋太破了，我再送你一只吧。你以前的工作一直非常出色，公司早就想对你有所表示，但一直没有机会，现在机会终于来了。”

那位总经理没有暴跳如雷，却用宽容的态度处理了这件事，使业务员心怀感激。后来这位业务员销售业绩越来越好，成为公司举足轻重的人物。但任凭其他公司用多么优厚的待遇聘请他，这位业务员都不为所动。

这就是宽容的力量。

那么，怎样培养宽容精神呢？

第一，学会“心理换位”

所谓“心理换位”，就是指当双方产生矛盾时，能够站在对方的角度上思考问题，思考对方何以会如此行事、如此说话。如果真的能够做到这一点的话，就能够更好地理解对方，减少很多不必要的矛盾。许多人习惯于从自己的角度思考问题，而不习惯于站在别人的角度上思考。要消除这种现象，办法就是“心理换位”。

会下棋的人可能都有这样的经验，刚学下棋时，往往仅考虑自己第一步怎样、第二步怎样，而不会考虑别人会怎样。只有棋下到一定水平后，才会考虑如果自己这样，对方又会怎样应对，而对于对方的应对，自己应当如何一一应对。如此考虑的回合数越多，一个人的水平也会越高。处理生活中的问题也是如此，能够“心理换位”，能够站在对方的位置思考，能够设身处地地多为对方着想，生活中的许多矛盾就都容易化解了。

第二，学会理解他人

金无足赤，人无完人，任何人都不是完美的。和人相处，完全没有必要求全责备，只要对方的问题不是原则方面的，不是反社会的。对于朋友的缺点和不足，我们没有必要事事计较，事事都摆个公平合理。多原谅一次人，多给人一次宽容和理解，同时也就为自己多找了一份好心境，也会使自己觉得在个性完善的道路上又向前迈进了一步。

当然，宽容不是懦弱，不是盲从，不是人云亦云。宽容是明辨是非之后对他人的退让，而不是对坏人坏事的妥协。对坏人和得寸进尺的人是没有必要宽容的。

第三，多多与人交往

宽容之心是在交往活动中培养起来的。在与人交往的过程中，我们会发现每个人都有这样或那样的缺点，都会犯或大或小的错误，而只有学会宽容对待别人的缺点和错误，才能与人友好相处。通过交往，我们能够体会到宽容的意义，体验宽容带给我们的快乐。比如，庆贺同伴的成功，帮助有困难的朋友，采纳别人的合理建议等，这些都能使我们获得友谊，分享别人的成功，并使自己也获得进步。

第四，善于"纳新"和处变

宽容不仅体现在对"人"的态度上，也表现在对"物"和"事"的态度上。我们要多见识并善于接受新生事物，积极应对事物所发生的变化。我们如果能够从容"纳新"和"应变"，我们就会对世间的万事万物多一分宽容之心。

总之，宽容是一种美德。投之以木桃，报之以琼瑶。把宽容插在水瓶中，她便绽出新绿；把宽容播种在泥土中，她便长出春芽。追求成功的你，学会宽容吧，宽容会使你的德商日益提高。拥有宽容的世界一定会更加和平美丽。

善于感恩的人更易成功

感恩是福，是做人、做事业的基础。有了感恩的心，即使你遭受挫折，受到不公正的待遇，碰到无法逾越的障碍，也不会怨恨失望，更不会自暴自弃。感恩是积极向上地思考，是谦卑的态度，是自发性的行为。一个人懂得感恩时，便会将感恩化做充满善意和爱意的行为，并实践于生活。一颗感恩的心，就是一粒和谐的种子。感恩不是简单的报恩，它是一种成就阳光人生的精神境界。因此，懂得感恩的人，成功的概率更大。

花儿感恩于大地的滋养，雄鹰感恩于蓝天的广博，游鱼感恩于大海的包容。它们感恩于自然，所以都毫不犹豫地将自己的美丽献给了自然，为大自然增添光彩。

智士诸葛亮，若非感恩于刘备“三顾茅庐”的知遇之恩，又怎会出山辅刘，成就其偏霸一方的蜀汉政权？倘若诸葛不出，他的才华又如何能够施展？后人也将无从感叹他的才华横溢、鞠躬尽瘁。正是因为感刘备的知遇之恩，诸葛亮才出山辅刘，也成就了自己的百世芳名。

岳飞，南宋军事家，“精忠报国”是他一生最好的写照。他感母亲的教导之恩，一生至孝；他感国家的养育之恩，不惜生命为国征战，他捍卫了国家的尊严，也使自己名垂青史。他的忠义将永远被世人铭记。

诸葛亮、岳飞，他们为国立下汗马功劳各自成就一段佳话。他们的成功，给世人以启迪：心怀感恩的人，更能存活于世，存活于史。

一个人想要成功，先要把“感恩”写在心中，要时时不忘别人的帮助，时时记得报答他人，报答社会，这是成功的基础。我们应该感恩生活带给我们的挫折与磨难，这些能够磨炼我们的意志，锤炼我们的品质，使我们更深刻地理解生活，更勇敢地面对生活的种种考验。如果我们能用放大镜看待生活为我们带来的快乐和喜悦，感恩的心就会常驻我们。

愿每个人都能怀着感恩的心，回报他人，回报社会，获得成功。

德商测试

想知道你的德商指数吗？做做下面的测试，看看你的德商究竟如何。

1. 当看到朋友受伤害时，你会？

A. 理解朋友的痛苦并去安慰他们

B. 陪着朋友流泪或者心烦意乱

C. 表现出无动于衷的态度

2. 面对别人的需要和感情表达时，你会？

A. 正确解读别人的非言语暗示，如手势、面部表情和语调等

B. 很会留意观察别人的面部表情，并给予恰当的反应

C. 无法共享别人的感情表达

3. 当看见有人作弊或者以强欺弱时，你会？

A. 不惧威胁，帮助弱者，揭发不正当行为

B. 知道应该怎样正确行事，但不会多管闲事

C. 内心虽有波动，但仍然无动于衷

4. 每当做错事后，你会？

A. 对自己的错误或不妥当的行为感到愧疚

B. 承认错误，勇敢说声“对不起”

C. 想方设法狡辩或者掩饰错误

5. 渴望去做某件事而未被允许，你会？

A. 管住自己的冲动和欲望

B. 考虑后果，忍耐一下，克服行为上的冲动

C. 固执行事，不达目的不罢休，或者阳奉阴违

6. 在工作时，某人有急事要约你出去，你会？

A. 婉言拒绝或者答复人家忙完之后再与其联络

B. 会出去，但心里总惦记着手头的事情

C. 无论忙闲，坚决调班，且不计后果

7. 每当遇到老年人或残疾人时，你会？

A. 不自觉地主动过去帮助他们

B. 言语和行为上对他们保持尊重

C. 远离、回避或从心里厌恶他们

8. 当有同事遭到捉弄或者冷遇时，你会？

A. 不计回报地阻止别人的恶意行为

B. 拒绝参与侮辱和嘲笑的行为

C. 感情上麻木不仁，甚至有点幸灾乐祸

9. 当遇到长相难看或者举止怪异的人，你会？

A. 对他们表现出宽容、友好和坦诚

B. 不随便对他们评判或抱有成见

C. 嘲笑他们的缺点和差异，甚至参与对其谩骂

10. 针对某件事，同事发表意见或看法时，你会？

A. 在提出自己的看法之前，认真倾听对方的意见

B. 客观地评价对方的观点

C. 经常打断同事的话，自说自话

测试结果：

A.5 分 B.3 分 C.1 分

总分 38 ~ 50 分，你的德商优秀，只需在保持现有道德品质的基础上，多交一些高德商的朋友，以求与他们互补。

总分 19 ~ 37 分，你的德商一般，需要有针对性地提高自己的德商，使你的品格更进一步。

总分 19 分以下，你的德商已经严重影响到你的工作和生活，建议立即去看心理医生，或者考虑对现状来一次根本性的改变。

胆商：博弈人生勇者胜

胆商是一个人胆量、胆识、胆略的度量，体现了一种冒险精神。胆商高的人能够把握机会，该出手时就出手。无论什么时代，一个人如果缺少敢于承担风险的胆略，就难以取得成功。大凡成功的人，都是具有非凡胆略和魄力的人。

胆商及其作用

胆商（Daring Intelligence Quotient，缩写为 DQ），是一个人胆量、胆识、胆略的度量，体现了一种冒险精神。胆商高的人能够把握机会，大凡成功的人，都是具有非凡胆略和魄力的人。

高胆商的人大多具有如下特点：

第一，有胆量。敢于面对逆境、困境；敢于面对竞争，寻求创新。

第二，有魄力。敢于面对压力，承担责任，敢于把该放弃的彻底放弃。

第三，有决断力。敢于面对变化，善于从变化中找到机会。

事实上，无论什么时代，一个人如果缺少敢于承担风险的胆略，都难以取得成功。胆商高的人具有非凡的胆略，能够临危不乱；他们具有决策的魄力，能够把握机遇，该出手时就出手，以最快的速度应对环境的变化。企业家的胆商，在某些关键时刻，甚至可以决定企业的兴衰成败。

胆商不是匹夫之勇，不是蛮干。高胆商是一种胸襟，意味着能看淡得失成败；高胆商是一种责任，意味着能对事业负责；高胆商更是一种见识，意味着能把握大局。可以说，胆商是一个人气魄、能力的综合体现。

市场竞争，不仅是实力的较量、产品的比拼，而且是胆商的角逐。面对同样的市场，有的企业凯歌高奏，有的却铩羽而归。两军相逢勇者胜。一些企业的失败，往往是由其经营者、决策者顾虑重重，当断不断，而坐失良机造成的。

我们应当怎样开发自己潜在的“胆商”呢？

首先，博览群书和勤于实践。这就好比“艺高才能胆大”，知识渊博才会有更高的胆量、胆识。

其次，许多现代人热爱的“勇敢者的游戏”也可以作为开发“胆商”的途径。蹦极、漂流、攀岩等危险系数比较高的运动，都可用来开发“胆商”，甚至许多年轻人爱看的“恐怖电影”也可以用来开发胆商。当然了，不能只为了寻求刺激去看恐怖电影，要有意识地挑战自己的胆量，有意识地进行训练，才会有效果。

可见，“胆商”是建立在一定的知识水平基础之上的。中国的许多成语“大智大勇”、“智勇双全”、“斗智斗勇”等都把“智”和

"勇"相提并论，可见两者密不可分。

有人曾经对"胆商"、"智商"和"情商"的关系作过如下评述：智商反映的是一个人的智力水平、知识结构，这些是作出决断的基础；情商反映的是一个人和其他人打交道的能力，在不同环境中的应变能力，这是做出决断的前提；胆商则是在该做决断的时候敢于"拍板"的勇气。三者相辅相成，缺一不可。没有智商的胆商是莽撞，而缺乏胆商的智商则会表现为优柔寡断，前怕狼后怕虎，只会贻误大好时机。

我国历史上最著名的胆量游戏莫过于"空城计"。读《三国演义》到这一段的时候，读者都忍不住要屏住呼吸，加快心跳，而身处其中的诸葛亮犹能"笑容可掬"、"焚香操琴"，实在令人不得不叹服他的"大智大勇"。

不惧风险是通往成功的必修课

古语云："欲求其上上，而得其上；欲求其上，而得其中；欲求其中，而得其下。"在现实生活中，我们应该积极追求有可能实现的目标。有了目标，就会产生进取心，奋发图强；有了目标，就会点燃激情，大展宏图。康德说：人的心中有一种追求无限和永恒的倾向，这种倾向在理性中最直观的表现就是冒险，冒险是通往成功的必经之路。

不惧风险，是成功人士的基本素质，也是职场中人应该具有的基本素质。

每年夏天，上百万只角马从干旱的塞伦盖蒂北上迁移到马萨伊马拉的湿地，这群角马正是大迁移的一部分。

在这艰辛的长途跋涉中，格鲁美地河是唯一的水源。这条河与角马的迁移路线相交，对角马群来说，这条河既是生命的希望，又是死亡的象征。因为角马必须靠河水维持生命，但是河水还滋养着其他生命，如大树和两岸的青草，而这大树和两岸的青草是猛兽藏身的理想场所。冒着炎炎烈日，口渴的角马群终于来到了河边。在河流缓慢的地方，许多鳄鱼藏在水下，静待着角马的到来。

这天，角马们来到一处适于饮水的河边，它们似乎对这些可怕的危险了如指掌。领头的角马慢慢地走向河岸，很多角马都犹犹豫豫地走几步，又不约而同地退回来，进进退退像跳舞一样。靠后的角马群闻到了水的气息，一齐向前挤来。慢慢将前面的角马向水中挤去，不管它们是否情愿。角马群已经有长时间没有喝过水，你甚至能感觉到它们的绝望，然而“舞蹈”仍然继续着。

终于有一只小角马“脱群而出”，开始饮水。为什么它敢于走入水中，是因为年幼无知，还是因为渴得受不了？那些处在角马群前端的大角马仍然犹豫止步不前，直到后面的角马将它们挤到水中，它们中的一些才喝起来。不久，角马群将一头角马挤到了深水处，这头角马恐慌起来，进而引发了角马群的一阵骚乱。它迅速从河中退出，回到岸上。最终只有那些勇敢地站在最前面的角马喝到了水。大部分角马或是由于害怕，或是无法挤出重围，只得继续忍受干渴。每天两次，角马群来到河边，一遍又一遍重复着这“仪式”。

生活中的你是否也像角马一样？是什么让你藏在人群之中，忍受着对成功之水的渴望？是对未知的恐惧，对潜藏危险的恐惧还是你安于平庸的生活，放弃了对美好的追求？大多数人宁肯忍受干渴的煎熬，也不愿前进一步。不要让恐惧阻挡你的前进，不要等待别人推动你前进。不惧风险的人更易成功。

人生本身就是一场冒险。畏惧风险的人难以成功。很多时候，成功的机会是同风险成正比，要想抓住成功的机会，就得冒一点风险，否则，就有可能丧失许多重大转折的机会，从而使自己的一生平淡无奇，毫无建树。

人生好比一场探险，如果不能主动地迎接风险的挑战，就有可能被动地等待风险的降临。风险与机遇常常是联系在一起的，在关键时刻把握机遇，就多了一分成功的可能。如果你总是希望成功又怕风险，那么成功很有可能从你身边一次次地溜走。

在很多事业中，如果把所有风险都规避掉的话，就有可能把所有潜在的机会也丢掉了。风险中蕴涵着机会，敢于正视风险的人更容易抓住成功的机会。

在现代公司里，一个人的才华和能力，在一道道难关中更能锻炼和展现出来。而安于现状不思进取、不愿参与竞争和不愿拼搏的人，最终面临的可能是彻头彻尾的失败。

不惧风险，是挑战成功的第一步；不惧风险，才能抓住成功的机遇，才能进一步实现自己人生最大的价值。

克服恐惧才能战胜困境

人类的身体是脆弱的，从婴儿时期开始，我们本能地对身边的危险感到恐惧，黑暗、痛苦、死亡、社会、孤独甚至生存本身都会使我们感到恐惧，克服恐惧是我们人生的必修课。每个人都有自己的人生经历，每个人对待恐惧的反应是不同的，但是我们都希望能够克服恐惧。

黑暗使我们恐惧，因为黑暗中隐藏太多的未知，而我们的意识告诉我们“未知”可能等于“危险”。很多时候，人们的恐惧源自对事物的“未知”，恐惧的主要目的就是让人“自我保护”。可以说多数人面对痛苦和死亡时都会感到恐惧，这是很自然的反应，但是历史很多人面对死亡时从容不迫。很多人面对社会也会产生恐惧，因为要面对很多陌生的人和事，而我们一旦惧怕与陌生的人和事接触，我们的心必然要向内封闭，并寻求支撑。

学习知识是我们克服恐惧的一个办法，我们了解外界事物的真相越多，我们对外界的恐惧就会减少。另外，有一句话叫“无知者无畏”，但我们往往是把事物看得简单而自以为“知”了，所以“无畏”了。因此，深入地了解自我，时时自省，然后努力实践自己的信念，对我们克服恐惧有很大的帮助。对自我的肯定，会帮助我们克服对世界、对人生的恐惧。

我们来看看下面一个实例，讲的是救人英雄、广西都安瑶族自治县地苏乡党委副书记潘立强的事迹。

水灾肆虐，潘立强与其他人到达被困农户唐秀迎的房屋，此时的洪水已涨至墙脚30厘米处，被困几个小时的唐秀迎无助地在呆立房前，其妻两眼呆滞地盘坐在床上，两个小孩已被冻得嘴角发紫，单薄的身子在瑟瑟发抖着。

“水涨得太快了，必须尽快转移群众！”潘立强的意识里只有这么一个念头。可他一扫四周，房屋里啥东西都没有，只有一幅烂床板。他说干就干，立即和其他人分别找到了一块床板和两个25升容积的塑料水桶。他们捆住塑料桶和木板，用钉子将塑料桶固定，一个简易的木筏诞生了，潘立强将两个孩子扶上木筏，自己在前面牵引，唐秀虎在后面助推。

雨仍在下，两个孩子或蹲或趴在一块木板上，洪水已快没上潘立强的肩膀，他浑然不知，仍用力向前拉木板……

两个孩子被救出后，潘立强他们再次返回接送大人。整个救援过程大约持续了两个小时。将这一家四口全部救出后，潘立强才感觉很冷，因为他清早出门没有吃早餐，在水里泡得太久，腿已经有些僵硬了。

潘立强救人的珍贵相片很快被网友传到了网上，其冒险救人的英雄创举，迅速传遍了整个桂西北。有网民说："他的身体都埋在水里，他的灵魂却在一个你看不见的高度。"然而，潘立强却十分平静，他说：这些都是他们工作中经常遇到的事，不足为奇。在大灾大难面前，潘立强无所畏惧，以实际行动诠释了共产党员的英雄本色！

克服恐惧的方式有很多种。不要理睬内心深处那些乱糟糟的声音："我不行，我不够好，我不想做。"这就好像收音机，调好频道，接收良好的信号，你会为你能做的事情而感到惊奇。

突破心理障碍，积极尝试

不少人碰到棘手的问题时，习惯设想许多莫须有的困难，这自然就产生了恐惧感，其实只要突破心理障碍，积极尝试，就会发现事情并没有想象得那么可怕。

人在自己的一生中，竭尽全力地避开那些妨碍自己前进的事物，而这些事物却常常顽固地存留在他们的头脑中，并且其中有不少是他们自己所想象的产物。有时候，很多人不敢学外语、不敢学小提琴、不敢下水学游泳、不敢在课堂上提问、不敢上台讲演，明知有些事不对也不敢说个“不”字，等等。这种种“不敢”，其实都是人们自己给自己设下的无形障碍罢了！也正是这种无中生有的无形障碍，使人们裹足不前，错过了许多本来应该去做，而且能够做好的事。我们每个人也许都有过这样的体会，小时候刚学会走路，一次又一次地跌倒，但一次又一次地爬起来，最终学会了走路。可是在成长过程中，我们往往由于外界的影响而认为别人对自己的评价比自己对自己的评价更为重要。如果做错点事，父母、老师或亲朋好友会劝告说：做事要谨慎小心，不要做没把握的事情，你没这个金刚钻，就别揽那个瓷器活，等等。劝说的人虽然出于好心，但我们如果相信了这些话，我们的大脑就可能发出一种下意识的命令，阻止我们去碰眼前的这些事。

有位年轻的姑娘，多年前被车撞倒，江湖医生说她瘫痪了。她相信了江湖医生的话，于是感到双腿麻木，再也站不起来了。她整日坐在轮椅上，肌肉渐渐萎缩，几乎真的变成瘫痪人。

五年后的某一天，当这个姑娘连人带车再次被一辆三轮车撞出人行道时，她突然觉得疼痛难忍。家里人不相信她会疼痛，送她到一家大医院，医院专家确诊她根本没有瘫痪。经过一段时间的治疗，她很快就能站立起来行走了。她站起来时，除了深感幸运外，还深感遗憾，当初别人说她瘫痪了，她就信以为真，为什么不去试试呢！

是的，上面例子中的女孩如果试一试，就不会被他人的话所控制。可见心理上的障碍，会使人情绪萎靡，自信心丧失，肌体功能失调，久而久之，原本有能力的人也会变得这也不敢干，那也不敢做，无形中把自己归类到那些“注定”不会成功的人里边去了。很多时候，成功就像攀爬铁索，我们失败的原因不是智商的低下，也不是力量的单薄，而是无法突破自己的心理障碍。如果我们能够突破心理障碍，积极尝试，我们就多了一分成功的可能。

曾经有人问英国戏剧大师萧伯纳：“为什么你讲话那么有吸引力？”萧伯纳答道：“试出来的，就像学滑冰一样，开始时，笨头笨脑，像个大傻瓜，后来试的次数多了，就熟练了。”萧伯纳年轻时，胆子很小，不敢大声讲话，更不敢在公开场合发言，每当要敲别人的门时，他都要在门外徘徊许久，才硬着头皮去“冒那个险”。他说：“很少有人像我那样深受害羞和胆怯之苦。”后来，他下决心要变弱为强，从试一试开始，于是他参加了辩论协会，出席伦敦各种公开讨论会，逮住机会就发言，终于跨越了自己的心理障碍，成为20世纪最有自信和最杰出的讲演者之一。

我们遇到困难，只要敢于试一试，就会发现，多数情况并没有我们原先想象得那么可怕。我们可以问问自己：“如果我们真的去试着直面困难，最坏的结果会是怎样？”通常最坏的结果，并不会比你想象得更可怕。

有位推销员因为常被客户拒之门外，慢慢患上了“敲门恐惧症”。他去请教一位大师，大师弄清他的恐惧原因后便说：“假设你站在即将拜访的客户的门外，我将问你几个问题。”

推销员说：“请大师问吧！”

大师问：“请问，你现在位于何处？”

推销员说：“我正站在客户家门外。”

大师问：“那么，你想到哪里去呢？”

推销员答：“我想进入客户的家中。”

大师问：“当你进入客户的家之后，你想想，最坏的情况会是怎样的？”

推销员答："大概是被客户赶出来。"

大师问："被赶出来后，你又会站在哪里呢？"

推销员答："还是站在客户家的门外啊！"

大师说："很好，那不就是你此刻所站的位置吗？最坏的结果，不过是回到原处，又有什么好恐惧的呢？！"

推销员听了大师的话，惊喜地发现，原来敲门根本不像他所想象的那么可怕。从这以后，他再来到客户门口时，就不害怕了。他对自己说："让我再试试,说不定还能获得成功，即使不成功，也不要紧，我还能从中获得一次宝贵的经验。最坏的结果就是回到原处，对我没有什么损失。"这位推销员终于战胜了"敲门恐惧症"。由于突破了心理障碍，他当年的推销业绩十分突出，被评为全行业的"优秀推销员"。

"让我再试一试"，是成功者的必由之路。要试出好的结果，就要表现得自信从容。

西奥多·罗斯福，是美国历史上一位杰出的总统。他原先也有胆怯自卑的缺点。他在自述中写道："有一次，我读到一本书，其中有一段谈到一位英国军舰舰长告诉人们怎样克服恐惧：'人们可以装作不害怕的样子，时间一长，就不知不觉变成真的了。'我相信了这种说法。我让自己装出不怕的样子，慢慢果然就不怕了。”

我们身上具有巨大的潜能，为什么这些潜能会处于休眠状态？这主要是受心理障碍的影响。如果你想充分发挥自己身上的潜能，那就从现在开始，解去捆绑自己心灵的绳索，消除“我从未做过”的念头，擦去“我不敢做”的想法吧。

合理放弃与给予使我们收获更多

在一些特殊时期，我们只有懂得放弃，才有机会获取更长远的利益。

一个孩子在山里割草，被毒蛇咬了脚。孩子疼痛难忍，而医院在远处的小镇上。孩子毫不犹豫地用镰刀割断受伤的脚趾，然后，忍着剧痛艰难地走到医院。这个孩子虽然缺少了一个脚趾，却以相对小的代价保全了生命。

有人把人生比喻成股市。很多人在潜心学习各种投资技术，了解上市公司的情况，但投资效果依旧不理想。其中原因之一就是不懂得在合适的时机放弃。

可见，学会放弃的重要性并不亚于学会技术分析。有些人什么都不愿放弃，结果却什么也没得到。有所舍才能有所得。

当一个人真正懂得了自己的有利条件和不利条件，真正做到扬长避短，为自己创造条件，这个人便掌握了取得成功的基本要素。

混混沌沌一世界，芸芸众生在其间，何得何失，何去何从，就要看我们能不能解开心中的结。如果你能够与别人分享你的财富，并多做一些善意的事情，这个世界将因你而变得更加美好。

曾经有一个关于三个仆人的故事：

有一个人在长途旅行前叫来他的三个仆人，他给了第一个仆人10000元，第二个仆人4000元，第三个仆人2000元。就这样，他把自己的财产交给了这三个仆人看管。得到10000元的那个仆人将得到的钱进行投资，使总金额翻了一番；得到4000元的仆人也如此行事。而第三个仆人则挖了一个洞，将他的2000元埋了起来。

主人回来后又把三个仆人召集起来，让他们汇报各自的账目。前两个仆人分别向他们的主人返还了20000元和8000元，于是主人说道："我善良、忠诚的仆人，你们干得不错。你们在管理小额金钱方面显示了才能和忠心，因此我要让你们管理更多的钱。来，和我一起分享我的快乐！"第三个仆人则向他的主人解释说他很害怕，所以把钱埋在了地下。主人对第三个仆人十分失望，从此以后，前两个仆人得到了主人的重用，而第三个仆人则受到了冷遇。

如果你照管不好你已有的东西，那么你就将失去它。与金钱相伴的应是恰当地使用它并使之为人类造福，这样金钱就可以成为宝贵的工具。

比尔·盖茨把钱捐献出来，对这个世界产生积极的影响！如果有更多善良的人们愿意利用金钱为他人带来更多的利益，那么给予的人将收获更多。

一位著名的高尔夫球选手赢得了一场比赛，他领到支票，微笑着走出记者的重围来到停车场准备回俱乐部。这时候，一个年轻的女子向他走来表示祝贺，然后说她可怜的孩子病得很重，也许会死掉，而她却不知如何才能支付起昂贵的医药费和住院费。

这位高尔夫球选手被女子的讲述深深打动，他二话没说，掏出笔在刚赢得的支票上飞快地签了名，然后塞给那个女子说："这是我这次比赛的奖金。祝可怜的孩子走运。"

一个星期后，这位高尔夫球选手在一家乡村俱乐部进餐。一位职业高尔夫球联合会的官员向他走来，问他一周前是不是遇到一位自称孩子病得很重的年轻女子。高尔夫球选手点了点头。

"哦，对你来说这是个坏消息。"官员说道，"那个女人是个骗子，她根本就没有什么病得很重的孩子。她甚至还没有结婚哩！你让人给骗了！我的朋友。”

“你是说根本就没有一个小孩子病得快死了？”

“是这样的，根本就没有。”官员答道。高尔夫球选手长吁一口气：“这真是我一个星期来听到的最好的消息。”

这位善良、高尚的球手并不以钱的损失而生气，而为没有受苦受罪的孩子而释怀。

我们不可能完全不在意金钱，但金钱并不能解决所有问题。与别人分享财富非常重要。你拥有的越多，你可以与别人分享的就越多。如果你想用爱或其他有价值的事物充实人生，也是同样的道理。如果你想收获更多的爱、乐趣、尊重、成功，方法很简单：给予。

能够把压力变成动力

如果能把压力变成动力，压力就是蜜糖；如果把压力憋在心里，让它无休止地折磨自己，那压力就是砒霜。许多时候，前进的动力就来自于各方的压力。而“压力能够变动力”，也是物理学上的一条定理。

下面这个故事，就很有说服力：

据说美洲虎是一种濒临灭绝的动物，世界上存活的数量十分有限，其中秘鲁动物园里就有一只。秘鲁人为了保护这只美洲虎，专门为它建造了虎园，里面有山有水，还有不少牛羊兔子供它享用。奇怪的是，这只美洲虎只吃管理员送来的肉食，且常常躺在虎房里，吃了睡，睡了吃。

有人说："失去爱情的老虎，怎么能有精神？"为此，动物园又定期从国外租来雌虎陪伴它。可是美洲虎最多陪"女友"出去走走，不久又回到虎房，还是打不起精神。

一位动物学家建议说："虎是林中之王，园里只放一群吃草的小动物，怎么能引起它的兴趣？"动物园里的管理人员采纳了专家的意见，放进了三只豺狗，从这以后美洲虎不再睡懒觉了。它时而站在山顶引颈长啸，时而冲下山来，时而雄赳赳地满园巡逻，时而追逐豺狗挑衅。

美洲虎有了对手，也就有了压力，是压力使它精神倍增，前后判若两"人"。

自然界是这样，社会生活中也是如此。

一位出生在普通人家的年轻人十分喜欢文学，但在30岁之前他从来没写出令自己满意的作品。他的亲人希望他能经商，这样生活可以更富足些，但是他却希望写作。他最大的愿望就是有人能为他提供一年的生活费用，这样他就能够安稳地写作。

但残酷的生活使他不得不走上经商的道路，他先后办了不少厂子，但都失败了。万般无奈，他只好重新走上卖字求生的还债之路。一年之内，他发疯似的写了三部小说，但那些书反响平平，销售也不理想，而且因为版权得不到保护，即使小说写成，也不足以解决生计问题。

接着，他改做记者，为多家日报撰稿，他每天都写大量的文字，以换取微薄的稿酬。

债主天天上门逼债，他绝望过，也想过放弃，但他十分崇拜白手起家、意志坚强的拿破仑，他把拿破仑的画像放到书桌前，鼓励自己必须坚持下去。

于是，他又开始创作小说。他一天睡四五个小时，喝大量咖啡，每天晚上 8 点上床，午夜起来写作，直到早晨 8 时。为了让自己的文字尽快变成金钱以偿还债务，每天早餐之后，他就把手稿送到印刷厂。因为创作时间仓促，文章经常有错字和文理不通的部分，他只好对校样改了又改，而且他不只是改动几个标点，而是大段大段地重写。

他在 30 岁之后的生活几乎全是为偿还债务而发疯似的写作。在后来的二十年内，他创作了一百多部小说，其中《高老头》等小说成为传世之作。在他逝世的前两年，他还在修改二十多年前的手稿。

这个人就是法国著名的作家巴尔扎克。

生活的压力没有压垮巴尔扎克，反而给他带来巨大的动力，可见，压力可以成为成功的催化剂。

人活在世上，虽然无法逃避生活和工作中的种种压力，但是却有办法战胜压力，而战胜压力的最佳办法：先放“心”面对，再用“心”解决。

所谓用“心”解决，就是要弄清压力产生的根源。人们普遍认为压力是问题引起的，其实引起压力的重要原因之一是人们对问题的态度。因此，当我们有感受到压力的时候，比较好的做法是积极寻找解决问题的办法，这样不但有助于及时化解难题，还能转移注意力，从而变压力为动力，促进我们进步。

可见，要想把压力呼出去，把动力吸进来，就必须改变我们的处世态度。当你面对无法摆脱的忧虑时，可以反复地对自己说：“这是对我的挑战和考验。”“这是催促我努力学习，积极工作，奋发向上的动力。”如果能换个角度思考，说不定压力很快就能转化为动力。

把不可能的事变成可能

大多数人认为，不可能做到的事肯定是难以想象的。结果因为畏难，所以根本不去问津；不但自己不去问津，认为别人也做不到。其实，只要符合科学规律，世上很多看似难以办成的事，办成只是时间早晚而已。

有一家效益相当好的大公司，为扩大经营规模，决定高薪聘请一名营销主管。广告一打出来，报名者云集。

面对众多应聘者，招聘工作的负责人说："相马不如赛马，为了能选拔出高素质的人才，我们出一道实践性的试题：就是想办法把木梳尽量多地卖给和尚。"

绝大多数应聘者感到困惑不解，甚至愤怒：出家人要木梳何用？这不明摆着拿人开涮吗？于是纷纷拂袖而去，最后只剩下三个应聘者：甲、乙和丙。

负责人交代："以十日为限，届时向我汇报销售成果。"

十日后。负责人问甲："卖出去多少把？"答："一把。""怎么卖的？"甲讲述了其历尽的辛苦：他游说和尚应当买把梳子，没有收到效果，还惨遭和尚责骂。好在下山途中他遇到一个小和尚一边晒太阳一边使劲挠着头皮。甲灵机一动，递上木梳，小和尚用后满心欢喜，于是买下一把。

负责人问乙："卖出多少把？"答："十把。""怎么卖的？"乙说他去了一座名山古寺，由于山高风大，进香者的头发都被吹乱了，他找到寺院的住持说："蓬头垢面是对佛的不敬。应在每座佛像前放把木梳，供善男信女梳理鬓发。"住持采纳了他的建议。那座寺庙有十座佛像，于是住持买下了十把木梳。

负责人问丙："卖出多少把？"答："一千把。"负责人惊问："怎么卖的？"丙说他到一个颇具盛名、香火极旺的深山宝刹，朝拜者络绎不绝。丙对住持说："凡来进香参观者，多有一颗虔诚之心，宝刹应有所回赠，以作纪念，保佑其平安吉祥，鼓励其多做善事。我有一批木梳，您的书法超群，可刻上'积善梳'三个字，便可做赠品。"住持大喜，立即买下一千把木梳。得到"积善梳"的施主与香客也很高兴，一传十、十传百，结果前来宝刹朝拜者更多了，宝刹香火更旺了。

毫无疑问，丙最终得到了那个职位。

对有些人来说，"不可能"三个字，就像一座不可逾越的高山，他们在它面前止住了前进的脚步。而对有些人来说，"不可能"三个字，却是通向成功彼岸的大船，原因在于，这些人拥有信心，善于积极思考。

主观上认为"可能"，那么，任何暂时的"不可能"都有变成"可能"的可能。人类的创造力使很多"不可能"变成"可能"，而一种"可能"的诞生，又会带来诸多新的"不可能"，人类正是在这种循环往复中从过去走向未来，从"不可能"走向"可能"。

没有什么事是绝对的"不可能"的，那么，在我们面对种种烦心事时，先不要过于焦急忧虑，不妨积极思考并付诸行动，也许事情会好转呢！

胆商测试

请你做完以下各题，然后，你就可以自己根据结果测知胆商。

1. 你认为一个人事业的成功，主要取决于：

A. 命运与机遇　B. 自身奋斗　C. 两样都有

2. 对于自己的失败，你认为是：

A. 耻辱和挫折　B. 只是成功前的演习　C. 一个教训

3. 当得知自己暗恋很久的心上人被别人追求时，你：

A. 另选一个目标

B. 立誓要把心上人夺回来，趁机表白

C. 当作不知道

4. 对于理想生活的目标，你认为：

A. 和大家差不多就行了

B. 一定要实现自己设定的目标

C. 生活过得比周围的人幸福就行了

5. 当你遇到困难时，你会：

A. 干脆逃避　B. 想办法解决，迎难而上　C. 向他人求助

6. 你喜欢哪一种旅游方式？

A. 陪远方来的朋友观看身边的景点

B. 新奇刺激、充满挑战的探险旅游

C. 选择跟团到心仪的地方去旅游

7. 你的上司辞职，你认为自己能胜任上司的职位，你会：

A. 等待公司老总的钦点

B. 积极争取，当仁不让

C. 委婉地跟老总自荐

8. 一天深夜你在回家的路上遇到劫匪，你会：

A. 保命要紧，把身上所有的钱全部给他

B. 选择时机将他制伏

C. 巧妙地与之周旋

9. 印度洋发生海啸，你恰巧身在其中，你会：

A. 悲观至极，认为这次彻底完了

B. 用以往积累的遇险自救常识，选择合理逃生

C. 等待救援

10. 遭遇人生打击时，你会：

A. 灰心丧气

B. 理智地处理各种不幸，直面打击

C. 选择找别人依靠

测试结果：

A 是 1 分，B 是 3 分，C 是 2 分。

总分是 25 ~ 30 分，胆商极高，心中有远大目标，能为理想坚持不懈，遇到困难也不轻易退缩，有极强的冒险精神和成功的欲望，

在你的执著下，你成功的概率比较大。建议你在做事时三思而后行。

总分是 17 ~ 24 分，胆商一般，胆识还算不错，不过遇到困难就容易退缩，心中虽然渴望成功，但缺乏野心，喜欢做比较稳妥的事情。建议你多接触一些比较成功的人士，也许会有意想不到的效果。

总分是 16 分以下，胆商较差，习惯安于现状，不愿接受新的事物，遇到事情总是选择逃避。建议你尝试一些新的东西，开阔视野，广交朋友，而不要一味墨守成规，否则将会影响你取得成功。

财商：强大的创富力量

财商是指理财能力，特别是投资收益能力。缺少理财的本领，你有多少钱也会慢慢花光的，所谓“富不过三代”，就是指有财商的老子辛辛苦苦积攒下来的钱，最后也会败在无财商的子孙手中。财商是一个人应具备的重要能力，也是容易被人们忽略的能力。若问富人何以能在一生中积累巨大的财富，答案之一就是具备投资理财的能力。

财商及其技能

财商（Financial Quotient，缩写为FQ），是指一个人在财务方面的智力，即理财的智慧，是衡量一个人在商业方面取得成功的重要指标。财商被越来越多的人认为是实现人生成功的关键。只有具备较高的财商，才能在事业中游刃有余，对财富的渴望就有可能变成现实。

缺少理财的本领，你有多少钱也会慢慢花光的，所谓“富不过三代”，就是指有财商的老子辛辛苦苦积攒下来的钱，最后也会败在无财商的子孙手中。财商是一个人应具备的重要能力，也是容易被人们忽略的能力。我们的父辈大多只教我们好好读书，找好工作，多存钱，少花钱，赚得少一点没关系，关键是稳定。他们几乎没有教过我们要有财商，要怎样理财。可见，对我们来说财商是迫切需要培养的一种能力。

财商包括两方面的能力，一是正确认识财富及财富倍增规律的能力，二是正确应用财富及财富倍增规律的能力。具体来说，主要有以下四方面内容：一是财务知识；二是投资战略；三是市场、供给与需求，即提供市场需要的东西；四是法律规章，即有关会计、法律及税收之类的规定。

善于理财的人越来越富有的关键就是他们具备较高的财商。特别是富人，何以能在一生中积累巨大的财富？答案之一就是：较强的投资理财的能力。

财商是强大的创富力量，财商可以让你的财富从无到有，从小到大。一个人，即使没有出众的学历和家世，只要具有高财商，通过一段时间的努力奋斗，也有成为富人的可能。

树立正确的财富观

树立正确的财富观，可以引导人们优化财富品质，创造并分享财富。正确的财富观需要我们诚信谋财、合理理财，而且还要多行善举。

第一，诚信谋财

诚信是做人的根本，也是做事的根本。正所谓“君子爱财，取之有道”。

第二，合理理财

这里首先需要我们端正心态。也就是说，既不因为富裕而小瞧每一分钱，也不奢望一夜暴富，财富是一点一滴累积起来的。比如，我们可以把手头的几张银行卡的资金集中起来，以充分发挥每一分钱的价值。

合理理财,需要我们根据自己的资产状况来理财。比如投资股票、黄金等，我们不要盲目跟风，而是要多听听专家的意见，形成自己的见解。现在的理财产品五花八门，我们要货比三家，不能只凭感觉选择。一个家庭的资产分配最好呈现金字塔结构，把最基本的理财方式，如储蓄、保险等，放在金字塔的最底层；同时，保持资产平衡，比如三分之一资产用于保险、储蓄，三分之一资产用于实业投资，三分之一资产用于股票、债券等。

第三，多行善举

正确的理财观还包括关心和支持社会公益事业。

对个人而言，物质财富的需要是基本的需要，我们在这种需要得到基本满足的同时应当追求更高层次的精神需要，这样的人生才是真正有意义的。用自己的财富帮助弱势群体，不仅为他人贡献了力量，也使自己得到精神上的满足，可谓一举两得。

如果说一个并不富有的人都能做到助人为乐，那么富人更应当如此，因为富人具有这方面的优势。到过华西村的人都知道，村头偌大的宣传牌上有两行用仿宋体赫然书写的大字："家有黄金数吨，一天也只能吃三顿；房子豪华独占鳌头，一人也只占一个床位。"那是吴仁宝为富有的华西人题写的，反映了当代中国富人在安排自己的财富问题上正在形成的优良品性。

总之，"君子爱财，取之有道"。我们必须对财富有一个正确的认识。只有这样，我们才能真正成为财富的主人。

学习理财基本知识

理财，要的是科学的方法和知识，这样的理财才能是理性而非盲目的。因此，我们要学习理财基本知识，给自己充足"电"，为以后的发展打好基础。

第一，学习制订好各阶段的理财目标

我们刚步入社会，处于单身的时候，工作无经验，一个人消费无计划，可能过着入不敷出的生活。这时的我们，处于积累工作经验、给自己打好基础的阶段，应为自己未来的工作做一个计划，同时，在自己收入有一定积累的时候，要考虑为自己设置储蓄的目标。

待工作成熟一些后，我们就需要为自己以后的生活做一个规划了。结婚需要房子，婚礼需要资金，出行可能需要车子，因此，购置房子和车子，就是我们这一阶段需要规划的理财目标。

结婚后，家庭稳定了，工作也处于上升期，此时收入多了，可支配的资金也多了，可选择的投资和理财的方式也相应多了。这时的理财目标可能就由房子、车子转到了孩子上，为孩子准备抚养费用及教育费用等，成为这个阶段的理财目标。

孩子出生后，围绕着孩子的教育支出越来越大，孩子上学的费用，甚至将来出国的费用等，需要我们制订出相应的计划来实现。同时，孩子在长大的过程中，我们也在一天天衰老，我们需要为自己的老年生活做一个打算，养老金成为我们的又一理财目标。

可见，在生命的不同阶段，有着不同的目标和计划，而理财的目标也应伴随着我们的生活目标，陪我们走完一生。也许有些人觉得不理财的人也过完了自己的一生，可是，仔细观察就会发现，善于理财的人，生活总是有条有理，该做的计划都已经提前准备好，而不去理财的人，则往往在事情临近时手忙脚乱，比如买了房生活变得紧迫，生完孩子感觉压力剧增，而这些可能都是由没有提前制订理财目标造成的。

学习理财，就是学习在人生的各阶段制订好理财的目标，然后逐步地去实现。人生，又何尝不是由一个个目标组成的呢？

第二，学习增加收入、节省开支、投资赚钱等知识

理财包含许多方面，比如增加收入、节省开支、投资赚钱等。

增加收入和节省开支基本是不含风险的，但也没有额外的收益。要想靠投资获得更好的收益，就要承担相应的风险。因为任何投资都是风险与收益并存的，世上没有只赚不赔的买卖。所以，我们在投资时要有成熟的投资心理，不能人云亦云，形成追风式投资。

投资是有风险的，但风险并非就意味着亏损，有风险是说一项投资有可能会亏损，但并非一定会亏损。风险有大小，高风险伴常随高收益，我们投资时需要根据自己的情况选择适合自己的进行投资。比如我们在具备投资条件后，应当对自己的投资能力有个客观的评估，了解自己的风险承受能力，对资产做合理的规划和配置，即不把所有的鸡蛋放在一个篮子里，以尽量降低投资的风险。例如工薪族就不要将自己可用于投资的所有资金都用于某一项投资，这样一旦有风险出现，也不至于全盘皆输。

在投资市场里，有些人不顾风险孤注一掷，求取一夜暴富，这样的人，常常以失败收场。古代作战的人常说“兵马未动粮草先行”，我们做投资，也需要有“投资未动，风险先行”的想法，一个成熟的投资人，必须正确认识风险。

每个人自身情况不同，对于风险的偏好也不同，比如工资收入高的，或是喜好冒险的一些高层管理者就可能偏好高风险的投资，因为利益回报高，而收入相对较低，踏实稳定的工薪人士则多注重本金的安全，选择风险较低的投资。正所谓出发点不同，所做的投资选择也就有所不同。不过，这种对于风险的偏好与风险承受能力是不同的，风险偏好是对风险的好恶，即个人在主观意愿上是否接受风险。如果投资者倾向于认为不确定的风险会给自己带来机会，则属于风险偏爱型，若投资者倾向于认为不确定的风险会给自己带来不安，则属于风险厌恶型。风险承受能力是客观的，是指投资者是否有足够的能力承担起风险，即投资者能承受多大的投资损失而不至于影响到自己的正常生活。风险承受能力需要综合来衡量，一个人的能力、家庭情况、资产状况及工作情况等各个要素都对这个人的风险承受能力有影响。例如拥有同样资产的两个人，一个还是单身，无牵无挂，而另一个人，上有老下有小，都需要养活，那么两个人的风险承受能力就相差很大。

投资者需要知道，风险偏好与风险承受能力是不同的，风险偏爱型的人不一定有着高的风险承受能力，而即使风险偏好相反的两个人，也有可能有着类似的风险承受能力。

投资者只有冷静分析自己的风险偏好和风险承受能力，选择适合自己的理财产品，才有机会在控制风险的前提下，实现自己的投资目标。

第三，明确理财目标，制订理财方案

理财首先要有明确的理财目标，然后要为了实现自己的理财目标而制订相应的理财方案。有些人在银行理财师那里介绍自己的财务情况后，就急着追问自己该如何理财。这样的问题会让理财师无从谈起。因为如果没有一个明确的理财目标，如何能围绕目标制订切实可行的理财方案呢?

理财是一项长期、全面的人生规划,伴随着人生不同阶段的变化而不断发生改变,每一阶段的理财方案都应根据当时的资产状况、收入水平、家庭情况以及社会发展的情况,进行合理制订。

当我们对自身条件和环境都进行清楚的分析后,就可制订出适合自己的理财方案了。

首先,列举自己的理财目标,无论是短期或长期的,都可列举出来。然后,对所列的理财目标逐一审查,排除那些不可能实现的。接下来,对这些理财目标按照实现所需时间的长短和优先级别进行排序。

接下来,就是对目标进行分解和细化。对于小的目标可计划出每个月需要存入多少钱,每年需要达到多少投资收益等。对于大的目标,可能需要拆分成许多小的目标,再制订相应的可行性计划,这样,对于如何投资,如何理财,就不再是盲目的了。清楚的目标后面,需要的就是你的努力,而每天该做的,也可在这份计划中列出来,这样就不愁目标的达成了。

如何把握商机

如果你能够预见未来,你又能否把握机会?什么股票你应该卖掉但没有卖?什么商品你应该买却没有买?什么机会你应该把握而又错失？你一生中又能遇到多少机会呢？这些你都要格外留神。

生活中的每一个角落都蕴藏市场需求，有时候这些需求看似不起眼，但只要你能够放大它的亮点，深挖下去，就可能聚集起很大的财富。要知道，在这个世界上，财富往往是个常量，而开启财富之门的智慧才是真正的变量，那才是可以令我们点石成金的点金术！

那么，我们应该如何把握商机呢？

第一，从人们的需求入手

在现实生活中，要发现和把握商机，首先要了解商机。哪里有需求，哪里就存在商机。甚至可以说，人们的需求即商机。从人们的需求入手需要弄清楚两个问题：第一个问题是人们的需求是什么，范围有多大？第二个问题是如何使人们之间的交换以最快最有效的方式完成？其实，从事商业的人都在努力解决这两个问题。

要解决第一个问题，就得研究什么是人们真正需要的，究竟有多少人有这样的需求，生产什么样的产品可以满足人们的需求。比如，夏天赤日炎炎，有的地区气温甚至高达40摄氏度以上，人们迫切需要凉爽，而能够满足人们这种需要的商品有扇子、电扇、凉席等；人们也可以去游泳，吃冷饮；而空调也可以很好地满足人们需要凉爽的需求，所以很多人都会选择购买并使用空调的方式来解决酷热的问题。可见，空调的市场前景非常广阔。剩下的问题就是使有消费能力的人去购买某一种品牌的空调了。第二个问题的关键是人们居住在不同的地方，如何使大多数人以最有效的方式完成他们的交换是商人们需要着力解决的问题。而这两个问题的背后蕴涵着许多的商业机会。

第二，利用信息获得商机

信息是商机的外衣，是财富的媒人。你掌握的信息越多，知道得越细，你就越有成功的把握。一条信息救活一家企业，一条信息使一个穷人变成富翁，这样的例子俯首皆是。即使你白手起家，缺乏资金、设备、厂房，只要你拥有信息，你照样可以发家致富。

被称为世界“假发之父”的香港富豪刘文汉，就是靠餐桌上获得的一个信息而发迹的。一天，他在美国的一家饭店吃饭，在和两个美国商人闲聊时获知，戴假发已逐渐成为美国人的一种时尚。刘文汉灵机一动，心想生产假发也许会有很大的潜在市场。他立即着手进行调查，证实这条信息属实。返回香港后，他创办了假发工厂，推出的产品很快占领了美国市场。

信息，是一种无形的资源，却可变为有形的财富。在进入“信息时代”的今天，知识是重要的资本，信息是获得利润的源泉。所以，做生意如果能及时掌握有效信息，在经营中便可做到“你无我有，你有我变，你变我新，你新我强”，从而使自己应变自如，财源广进，立于不败之地。

有人戏谑说，上帝创造人类时，让每个人都有两只眼睛，两只耳朵，一张嘴巴，就是希望大家多看、多听、少说。多看，就是让你多掌握文字的信息；多听，则是多了解有声的信息；少说，就是多干实事。

台湾塑胶大王王永庆开始创业时计划开一家水泥厂，后来他在和一位朋友聊天中敏锐地感觉到塑胶在台湾非常短缺，尽管王永庆并不了解塑胶制造，但他一点也不畏缩，毅然决定开办塑胶厂。结果，产品一生产出来就供不应求，初试牛刀，王永庆就大获成功。如果他仍办水泥厂，而放弃开办塑胶厂，他能成为“塑胶大王”吗？

也许你会说：“是的，我也知道信息很重要，可我不是间谍，怎么可能搜集到信息呢？”其实，你用你的两眼、两耳和一张嘴巴也是能得到重要信息的。你可以从你的朋友、你的竞争对手那里，从报纸、杂志、广播电视等媒体获得大量信息；食堂、酒会、舞会、咖啡屋也是值得留意的信息传播渠道。实际生活中处处充满着信息，善于观察生活的人，总能找到发财的机会。也就是说，只要对信息的敏感性强，就能捕捉到有用的信息。对信息的敏感性来源于善思考、善挖掘，透过信息的面纱捕捉对自己有用的内容。这就好比在荒原上寻宝，宝不可能明摆在你的面前，你需要通过与宝物相关的异常信息，判断宝物可能就在附近，然后把宝物挖出来。如果非要等到眼睛直接看到宝物才弯腰去捡，那几乎是没有找到宝物的可能的，大量的信息都会从你身边溜过，而你却与它无缘。

第三，在日常生活中发现商机

日常生活中，好的点子或投资机会往往会在我们不注意时降临我们身边。这时，我们要及时抓住它。只要我们善于观察，勤于思考，就一定会发现身边有各种各样的机会。

住在纽约近郊的扎克，原是一个碌碌无为的公务员，他唯一的嗜好就是滑冰。冬天一到，只要有空，他就滑冰自娱。然而，到了夏天，要想滑冰，就得去室内冰场，而室内冰场是需要钱的，一个普通公务员的收入很有限，不能常去。有一天，他忽然来了灵感：如果在鞋底安装上轮子不就可以代替冰鞋了吗？这样，普通的路面不就可以当做滑冰场了吗！

有了这个想法后，他意识到，这种产品如果生产出来，一定会有很好的销路。于是，他大胆地跟人合作，投资开办了一家制造四轮滑冰鞋的小工厂。产品生产出来一上市，很快就成为广受欢迎的商品。没几年的工夫，扎克就净赚几百万元。

诸如上述的例子还有很多，只要你在生活中做个有心人，你一定也可以找到好点子、好创意，而把点子和创意转化为创业项目，成功就不再是一件遥不可及的事情了。

第四，从危机中找商机

危机中往往蕴藏着商机，因为危机中既包含着导致失败的根源，也蕴藏着新的机会。

美国一位经营肉类食品的老板在报纸上看到一则消息：墨西哥发生了类似瘟疫的流行病。他立即想到与墨西哥相邻的美国的两个州是美国肉食品的主要供应基地，一旦墨西哥爆发瘟疫，就极有可能传到美国，那样的话，肉类食品供应必然紧张，肉价定会飞涨。

于是他先派人去墨西哥探得真情，之后立即调集大量资金购买大批菜牛和肉猪饲养起来。过了不久，墨西哥的瘟疫果然传到了美国的这两个州，市场肉价立即飞涨。时机成熟了，他趁机大量售出菜牛和肉猪，净赚数百万美元。

危机常在，而巧度危机的智慧并不是每个企业和经营者都具有的。作为一个优秀企业家不但要善于应对危机，化险为夷，还要能在危机中寻求商机，趁“危”夺“机”。

说实话，谁也不希望面对危机、遭遇危机，但危机的降临是难以避免的。回避不足取，积极的办法是想办法度危机、捕商机。只有这样，企业才能做强做大。

在危机面前，发现、培育进而收获潜在的成功机会，是危机管理的精髓；而错误地估计形势，并令事态进一步恶化，则是不良危机管理的典型特征，越是在危机时刻，越能显示出一个优秀企业的整体素质和综合实力。

第五，从未来着眼寻找商机

美国商界有句箴言："愚者赚今天，智者赚明天。"这话道出了企业经营制胜的客观规律。市场经济瞬息万变，多数产品都难以逃脱自己有限的生命周期，这就使企业的经营充满艰难、曲折与风险。如果企业经营只是盯着今天，跟着走俏商品跑，往往会造成同类商品的饱和、过剩，继而陷入经营困境。

着眼于明天，把握市场运行规律，瞅准市场的真空地带，不失时机地改进或开发新的产品与服务，满足消费者新的需求，就有机会独占市场鳌头，进入"风景这边独好"的佳境。要做到这一点，你就需要具有远见卓识，具备统观全局、着眼未来的战略眼光。对此，企业界亦有很精辟的概括：成功的企业家，每天用百分之八十的时间考虑企业的明天，用百分之二十的时间处理日常事务。

第六，从投资中寻找商机

市场上的机会与风险是一对孪生兄弟，有赚钱的机会，就必有遭受损失的风险，所以，只有那些有胆有识的企业家才是市场经济的弄潮儿。

趋利避害是人的天性，也是每一个投资者和企业家的心愿。一些人总是希望在最低的风险或无风险的条件下，获取最高收益。因此，他们常常在收益和风险之间徘徊。

一般来讲，有四种收益与风险相结合的投资机会，即：风险高而收益低，风险低而收益高，风险高而收益高，风险低而收益低。

第一种情况，只有傻瓜才会去投资。一般来说，正常的、有理性的投资者总是具有寻求低风险、高收益的偏好。这样，高风险低收益便必然无人问津，结果，就会变成高风险高收益的投资机会。

第二种情况，必然人人欲为。但是，追逐者如云，结果，收益就会降下来，变成低收益低风险的投资机会。

所以，在正常的情况下，市场上只有第三和第四种组合的投资机会，即风险与收益双高双低的投资机会。显然，在这两种情况下，投资者是选择双高还是选择双低的机会，主要取决于投资者个人的偏好、抗风险能力等因素。如果他是大胆的投资者，且资金雄厚，抗风险能力强，则他将选择收益和风险双高的投资机会；如果他是胆小的投资者，且财力单薄，抗风险能力低，那么他将选择收益和风险双低的投资机会。

但是，非正常情况往往孕育着更大的投资机会，是获取巨大成功的最佳机会。例如，在第一种情况下，正因为人人都不愿投资，便有可能成为极好的投资机会，就看谁先敢于一试。第二种投资机会往往藏得很深，不易被常人发现，因为一旦被很多人都知道后，其收益必降下来。所以，这就看谁能慧眼识金，最先抢占极佳的投资机会了。

第七，寻找商机注意事项

在激烈的市场竞争中，要善于发现商机，捕捉商机，还应注意下面三点：

一是以市场为标准，确定商业机会的范围。选择商业机会很重要的一点是分析市场前景如何，而不是过分顾虑自己熟悉与否。许多人倾向于选择自己熟悉的行业去做，这无可厚非，甚至在很多情况下是可取的。但是，我们所关注的范围不要因自己的专业而受到限制，如果能跳出自己的小圈子，充分从市场的角度来考虑问题，就有可能发现极具市场前景的商业机会。

二是从实际出发，选择商业机会。在选择商业机会时，我们要考虑一下所需要的资源，包括物质上的、人力上的和技术上的资源，并初步估算一下新创企业在今后一两年内的成本和收益状况。在通盘考虑时要结合自身的专长、兴趣以及所需承担的风险，来评定该商业机会的利弊，并作出决定。

三是机不可失，立即开始行动。兵贵神速，迟缓、犹豫都会使商机稍纵即逝。所以在选择确定商业机会之后，我们千万不能犹豫，这是我们获得成功的必备要素，即“决策之前慎之又慎，决策之后坚决果断”。在商海遨游，我们切忌优柔寡断，否则会导致人心涣散，而且大好的商业机会也会稍纵即逝。我们还应当认识到，在确定市场商机后，时间就显得非常紧迫了。要利用一切时间，抓住机会，争取主动权，把可能变成现实是非常重要的。因此该动手时就动手，不失时机地把握住商机是成功的关键。

上班族家庭理财法则

以下是提供给现代上班族家庭的理财法则，不妨一试。

第一，留有应急资金

准备三至六个月的应急资金。就一般理财规划来说，最好准备相当于一个月生活所需费用三至六倍的金额，作为失业、事故等突发状况的应急资金。

第二，减少负债

减少负债，这对提升家庭财务应变的实力尤其重要，也就是净值（等于资产减负债）必须进一步提升。而提升净值最直接的方法就是减少负债，比如房屋贷款、汽车贷款、消费性贷款等。基本上，家庭可承担的负债，应该是先扣除每月固定支出及储蓄所需后，剩下的可支配部分。至于偿债的原则，则应优先偿还利息较高的贷款。

第三，把钱花得更聪明

如果“开源”有困难，那么应有计划地减少消费，也就是从“节流”做起。选对时节购物、货比三家、克制冲动的购物欲望，以及避免滥刷信用卡、举债度日等，都是可以掌握的原则。在具体方法上可针对每月、每季、每年可能的花费编列预算，再据此决定收入分配在各项支出中的比例，避免将手边现金漫无目的地消费。最好养成记账的习惯，定期检查自己的收支情况，并适时调整。

第四，养成强迫储蓄的习惯

“万丈高楼平地起”，理财的重要一步就是储蓄，先存下一笔钱作为投资的本钱，接下来再谈加速资产累积。若想强迫自己储蓄，最好是一领到薪水，就先抽出百分之二十存起来；无论是选择保守的零存整取银行定存，还是积极的定期定额共同基金，长期下来，都可以发挥积少成多的复利效果。

如何培养财商

拥有高财商，不仅可以让你更好地创造财富，同时还能让你在获得财富的机遇面前抓住机遇。

下面为您介绍几条培养财商的途径。

第一，突发奇想

19世纪中叶，美国加州发现了大型的金矿。许多人认为这是千载难逢的发财机会，纷纷奔赴加州淘金。17岁的犹太人亚默尔也加入了庞大的淘金队伍，他历尽千辛万苦，赶到加州。然而，人越来越多，金子却越来越难淘，生活也越来越艰辛。当地气候干燥，水源奇缺，许多淘金者不但没有致富，反而丧身于此。

年轻的亚默尔和大多数人一样，不但没有发现黄金，反被饥渴折磨得半死。一天，望着水袋中仅剩一点点的水，听着大家对缺水的抱怨，亚默尔突发奇想：淘金致富的希望太渺茫了，不如卖水挣点活命钱。于是亚默尔毅然放弃对金矿的努力，将手中挖金矿的工具变成挖水渠的工具，从远方将河水引入水池，用细沙过滤成清凉可口的饮用水。然后将水装进桶里，挑到山谷一壶一壶地卖给找金矿的人。当时有人嘲笑亚默尔，说他胸无大志："千辛万苦地到加州来，不挖金子发大财，却干起这种蝇头小利的小买卖，这种生意哪儿不能干，何必跑到这里来？"亚默尔毫不在意，不为所动，继续卖他的水。

亚默尔认为：哪里有这样的好买卖？把几乎无成本的水卖出去。哪里有这样好的市场？没有一个竞争者。结果，很多淘金者都空手而归，而亚默尔却在很短的时间靠卖水赚到几千美元，这在当时是一笔非常可观的财富了。

第二，小钱致富

小张和小王两个年轻人一同寻找工作。有一天，他们走在街上，同时看到一枚硬币躺在地上，小张看都不看就走了过去，小王却将它捡了起来。小张对小王的举动露出鄙夷之色："连一枚硬币也捡，真没出息！"小王望着远去的小张心中感慨："让钱白白地从身边溜走，真没出息！"

后来，两人同时进入同一家公司。公司很小，工资也低，工作很累，没过多久，小张不屑一顾地走了，而小王却高兴地留了下来。

两年后，两人又在街上相遇，小王已成了老板，而小张还在寻找工作。小张对此无法理解："小王这么没出息的人怎么能如此快地发了财呢？"小王说："因为我不会像你那样绅士般地从一枚硬币上走过去，我会珍惜每一分钱，而你连一枚硬币都不要，怎么会发财呢？"

小张并非不在乎钱，而是眼睛总盯着大钱而对小钱弃之不理，这就是问题的答案。

对于高财商者来说，金钱的积累从"每一个硬币"开始。成功致富的人知道，任何成功都是一点一滴积累起来的，没有这种心态是很难获得大的财富的。对金钱的态度实际上也反映了一个人对人生和事业的态度，只有不好高骛远的人，才能脚踏实地地为自己的前程打下坚实的基础。反之，不但难以得到大的财富，小的财富也会与你失之交臂。

第三，抓住机会

很多人都发现了，辛勤者中也有着贫富之分，在成功的辛勤者中成就亦有高低的差别。因此，有人曾说过这样一句话："机会是上帝的别名。"

在特定的时间里，各方面因素配合得当，就会产生有利的条件，谁最先利用这些有利条件，谁就更容易获得成功，从而赚取更多财富。高财商的人正是懂得掌握这些机会的人。

要拿到红利，必须先投入资本。同样，想获得机会，则必须先有所牺牲——牺牲自己的时间、收入，等等，随时随地全神贯注地做好准备，机会一旦出现，便跳起来将它抓住。

多数情况下，高财商者对致富的机遇比较敏感，他们似乎对财富有一种特殊的直觉；而低财商者，却让致富的机遇从自己身边溜走，毫无察觉。

财商测试

我们从一出生，就与金钱密不可分。如何处理好同金钱的关系，对每个人都至关重要。你能否管理好现有的财富，能否利用这些财富为你带来更多的效益？最重要的一点，就是这些财富能够给你带来欢乐，而不是负担，这就要看一个人的财商。

希望你能够通过以下几道财商测试题了解自己目前的财商水平，处理好同金钱的关系。（请在完成测试后再查看标准和评价。）

1. 你在日常消费时，会不会先分清消费对象是“需要的”还是“想要的”？

1分，哪能分得清；2分，偶尔考虑一下；3分，当然会。

2. 你很中意一件昂贵的名牌衣服，你会考虑？

1分，立即现金购买；2分，信用卡免息分期购买；3分，等商家促销时购买。

3. 当你投资的一只股票从10元跌到了1元，你如何考虑继续投资的风险？

1分，不可能再跌了，风险很低；2分，跌了这么多，风险很高；3分，要结合公司的基本面来考虑。

4. 下列哪一项描述符合你的消费习惯？

1分，随意性很大，看当时的心情；2分，有一定的计划，偶尔也会被情绪引导；3分，消费前会列好清单，不被情绪左右。

5. 你发现，你10分钟前离开的那家饭馆少找了你一块钱，而你的时间相当宝贵，在这种情况下，你该怎么办？

1分，这是原则问题，当然要回去；2分，打电话向那家饭店提意见，并要求收回少找的钱；3分，忘掉这件事。

6. 下列哪一项比较符合对你的理财知识的描述？

1分，丰富；2分，一般；3分，欠缺。

7. 好朋友向你借钱，他和你有深厚的感情，那么你会？

1分，即使友情深厚，也不借钱给他；2分，竭尽所能来帮助他；

3 分，在手头宽裕的情况下帮助他，但让他写借条及归还日期。

8. 为了应付突发事件，你准备的流动资金，按你最近六个月消费的平均标准计算，相当于：

1 分，一个月以内；2 分，两个月到四个月；3 分，五个月到七个月。

9. 你是否会经常阅读一些财经类刊物，关注国际国内的财经新闻？

1 分，不怎么留意；2 分，偶尔关注；3 分，已经养成了习惯。

测试结果：

14 分以内，表明你对财商不够重视！当心“你不理财财不理你”，阅读理财方面的书籍对你来说是当务之急！多听、多看，行动起来马上补上财商这一课吧！

15 分至 24 分，表明你的财商水平中等，你对财商的认识一般，这方面的知识储备略显不足，执行力还有所欠缺。建议你多听听理财专家的意见，多交流沟通，让你的财商更上一层楼。

25 分至 30 分，表明你的财商水平很高。你对财商的认识很深刻、这方面的知识储备很足，能够很好地控制自己的情绪，用理性的眼光分析问题，继续保持就可以了。

心商：主宰苦乐与成功

心商就是保持心理健康，调适心理压力，保持良好心理状况和活力的能力。有人说21世纪是“抑郁时代”，人类面临更大的心理压力。因此提高心商，保持心理健康已成为时代的迫切需要。现代人渴望成功，而成功越来越取决于一个人的心理状态，取决于一个人的心理健康。从某种意义上来讲，心商的高低，将影响人生过程的苦乐，甚至人生命运的成败。

心商及其内涵

心商（Mental Intelligence Quotient，缩写为MQ），就是保持心理健康、调适心理压力、保持良好心理状况和活力的能力。联合国世界卫生组织确定心理健康的标准为：心理和社会适应能力等方面的健全与最佳状态，包含和谐的人际关系、正确的自我评价和情绪体验及热爱生活、正视现实、人格完整等。心商的高低，将影响人生过程的苦乐，甚至人生命运的成败。

随着全球化的到来，人类的工作环境已趋向恶化，竞争异常激烈，世界充满了变数，人们的生存压力越来越大。有人说：21世纪人类已经进入了抑郁时代。这句话反映出人类正在面临巨大的心理压力。因此，保持心理健康已成为人类生存发展的基础。

在这样的背景下，心商的概念逐渐获得人们的广泛关注。

心商能影响我们的思维模式，你怎样想就会怎样做：心商能影响我们的心态，而心态大体上有两种，积极的或消极的。

积极的心态是我们发展的营养，是无法估量的宝藏，它会为我们带来永不言败的执著、身心合一的健康、无时无刻的快乐和踏上巅峰后的成功；而消极的心态却是心灵的疾病和垃圾，它不但会夺走我们的快乐、成功、财富和健康，甚至会让我们变成一无所有的“穷光蛋”，使我们失去生命中的一切。

我们在社会上经常会看见一些人，他们心态非常不好，不管大事小事，动不动就跟人抬杠、发脾气，难道他们遇到的都是不顺心的事情吗？事实并非如此。仔细观察我们就不难发现，引发这些人发脾气的往往是一些微乎其微的小事，其中还有不少是由他们自己造成的。就像我们经常会看到很多司机在开车的时候，因为前面的车慢了一点，就破口大骂，如果遇上前面的司机也是心态不太好的，或者情绪比较激动的，二者就可能发生口角甚至大打出手。这种情况的问题到底出在哪里？是什么因素使人们产生这样的心理？身处其间的人们和身为旁观者的我们都应当加强反思，努力提高心商，积极寻求合理的解决方案，共同构建和谐的社会。

判断你的心商状况

人们的心态大体上有两种：一种是积极心态，它和自信、快乐相伴，适应现实，“向内”索取，具有求胜倾向，是心灵的良药，将吸引成功、快乐、财富和健康；另一种是消极心态，它和自卑、烦恼相伴，抱怨环境，“向外”索取，具有求败倾向，是心灵的毒药，将排斥成功、快乐、财富和健康，甚至会夺去人们的生命。

咱们一起来看下面的小故事：

有一个年轻人，因为家贫没有读多少书，后来他去了城里，想找一份工作。可是他发现城里没一个人看得起他，因为他没有文凭。就在他决定离开那座城市时，他忽然想到给当时很有名的银行家罗斯写一封信。他在信里抱怨了命运对他的不公。最后他说：“如果您能借一点钱给我，我会先去上学，然后再找一份好工作。”

信寄出去了，这个年轻人便一直在旅馆里等，几天过去了，他用完了身上的最后一分钱，也将行李打好了包。就在这时，房东说有他一封信，是银行家罗斯写来的。可是，罗斯并没有对这个年轻人的遭遇表示同情，而是在信里给他讲了一个故事。

罗斯说：在浩瀚的海洋里生活着很多鱼，那些鱼都有鱼鳔，但是唯独鲨鱼没有鱼鳔。没有鱼鳔的鲨鱼照理来说是不可能活下去的。因为它行动极为不便，很容易沉入水底，在海洋里只要一停下来就有可能丧生。为了生存，鲨鱼拥有了强健的体魄，成了同类中最凶猛的。最后，罗斯说，这个城市就是一个浩瀚的海洋，拥有文凭的人很多，但成功的人很少。你现在就是一条没有鱼鳔的鱼。

那晚，这个年轻人躺在床上久久不能入睡，一直想着罗斯的信。突然，他改变了决定……

第二天，他跟旅馆的老板说，只要给一碗饭吃，他可以留下来当服务生，一分钱工资都不要。旅馆老板不相信世上有这么便宜的劳动力，很高兴地留下了他。

十年后，他拥有了令全美国羡慕的财富，并且娶了银行家罗斯的女儿。他，就是石油大王哈特。

通过这个小故事我们可以知道：成功人士不一定拥有很好的背景或条件，但是他们却拥有很好的心态，他们懂得调整好自己，在不利时找到机会，并且把握机会，而不给自己施加多余的压力。他们相信，通过自己的努力，一定会换来成功。事实证明，他们的观点是正确的。

有一个人想挂一张画。他有钉子，但没有锤子。邻居有锤子。于是他决定到邻居那儿去借锤子。

就在这时这个人起了疑心：要是邻居不愿意把锤子借我，那怎么办？昨天他对我只是漫不经心地打招呼，也许他匆匆忙忙，也许这种匆忙是他装出来的，其实他内心对我是非常不满的。因为什么事不满呢？我又没有做对不起他的事，是他自己多心罢了。要是有人向我借工具，我立刻就借给他。而他为什么会不借呢？怎么能拒绝帮别人这么点儿忙呢？而他还自以为我依赖他，仅仅因为他有一个锤子！我受够了。

于是他迅速跑过去，按响门铃。邻居开门了，还没来得及对这个人说声“早安”，这个人就冲着他喊道：“留着你的锤子给自己用吧，你这个恶棍！”

这个小故事给我们的启示是：如果一个人拥有消极的心态，就容易自我设限，最终可能一事无成。

在我们每个人的生命中，都会面临许多担心自己做不到的时刻，从而画地自限，使无限的潜能化为有限的成就。

很多成功者都有着这样的口头禅：“我想我能，我想我能。”

很多人常常在自己生活的周围筑起界墙，或者生活在别人强加给他们的局限里。

你可能一直认为你现在的一切都是命中注定的，现实的一切不可超越，不管你持有此观点的时间多长，你都是错的。因为，你可以通过改变自己的态度和习惯来改变自己的生活。

我们中的许多人本应更为成功，但因为安于现状，就使他们得到的比他们能取得的少得多。

所以，我们必须首先意识到这一点，拥有良好的心商，可以使我们的人生多一分成功的可能。

心能强弱决定未来

所谓“心能”，就是指心的能量。我们可以从以下几个方面理解这一概念：

一是每一种心理活动，以及任何要应对、解决的对象，都会耗费你的心能。

二是对你所面对的任何外在事物而言，其本身都没有心理能量，心理能量是你自己赋予的。你的态度、反应方式、看待问题的角度，决定了你赋予心能的程度。一句话，你是心能的“发动机”。

三是你能控制心能的品质，并决定其投向，即能够决定这种心能是积极的还是消极的，是建设性的还是破坏性的。不少事件都是带有消极性和破坏性的。对此人们会有两种态度，即事件消极，而当事人赋予的心能是消极的，其结果自然是加倍的消极；事件消极，而当事人赋予的心能是积极的，通过积极心能对消极事件进行化解，其结果是创造积极结局。对成功人士而言，他们能让那些看来消极的外在因素，在他们的心灵中产生尽可能少的消极心能；在某些有价值的事上，给予尽可能大的积极心能。

下面让我们来看看居里夫人的故事。

居里夫人年轻时很穷，曾到一个庄园主家里当家庭教师，与庄园主的儿子相爱，两人准备结婚。但是，庄园主极力阻止，认为她与自己家的钱财地位不相匹配，而这位庄园主的儿子最后也屈从于父母。于是居里夫人的初恋就此结束了。

失去这位初恋情人，她真是心如刀绞。但是，她没有在打击面前沉沦，而是毅然离开了这个家庭，动身去巴黎求学。最终成为举世闻名的女科学家。

后来有人这样评价说：假如居里夫人没有失恋，假如她在失恋的打击下没有振作奋起，也许她就不会有后来那些伟大的成就，当然也不会与居里先生美满结合了。

由此，我们可以得出下面的结论：成功者大多具有强大的心能，相反，失败者则表现出心能不足。

当一个人心能非常强的时候，他做事的信心往往会增加，志向和目的也会非常明确，所以能发挥出巨大的力量，这样的人往往容易成功；而心能比较弱的人，对志向、目标不明确，凡事喜欢找借口、抱怨，此类人做事的时候往往不容易发挥出自己的能力，所以心能弱的人总是容易和成功擦肩而过。

要提升自己的心能，就应该设定明确的人生目标。设定了目标，就找到了欲望和动机，这是不可或缺的原动力。很多人不能成功的原因就是不知道自己到底要什么，他们没有目标，所以没有动力去行动。还有一部分人，在实现目标的过程当中，遇到了一些困难，便自暴自弃，抱怨他人，借口不断；他们从来不从自己身上找原因，而总是希望有贵人相助，所以他们总把时间放在一些不切实际的幻想当中，然而等待的时间越长，他们就越容易变得心烦意乱，从而心能降低。同时要说明的是，设定好目标并朝之努力奋斗的过程中，你也不能一直处于一种高压之下，纵然你有目标，也要懂得让自己适当放松。在工作压力比较大的时候，适度放松与享受，有助于以更好的状态投入工作。

找准目标，找到方法，努力奋斗，适当休闲，让我们可以健康的心灵，创造健康、幸福的人生。

拥有乐观的心态

面对困难和折磨，许多人总以为自己的能力不够，或者自己没有什么优势可言，因而心灰意懒，陷入悲观的境地中无法自拔。然而，身处逆境却依旧乐观的人，具有更多获得成功的潜质，也会比一旦陷入困境就立即崩溃的人获益更多。

人们通常喜欢与乐观的人相处。所以，你不应该做糟糕情绪的奴隶，受制于自己的消极情绪；你应该控制自己的情绪，让自己随时拥有乐观的心态。

无论周围的工作环境怎样不利，你都应当努力去改变它，把自己从黑暗中拯救出来。当你拥有乐观的心态，有勇气从工作的压力中抬起头来，面向光明大道走出来后，你便不会再被阴影笼罩了。

有人说："影响一个人取得事业成功的最大敌人，就是这个人不健康的思想，就是以悲观的心情来怀疑自己的能力。"这句话是非常正确的。其实，工作中很多事情的顺利开展都有赖于乐观的态度。拥有乐观的态度，就多了一分成功的可能。

但是，不少人处于逆境或是碰到沮丧的事情时，往往会因恐惧、怀疑、失望而丧失意志，使自己多年以来的工作积累毁于一旦。

曾经有一个聪明能干的年轻人，他自创了一番事业，但他有一种不好的习惯，就是喜欢和别人谈论自己事业的不好。他成天活在悲观之中，只要有人问起他的事业状况，他总是说："糟糕得很，没有生意上门，什么都没得做，仅能马虎度日；没有钱赚，我经营这种生意是我极大的错误；如果是领薪水生活，我应该可以过得很好。"

久而久之，就算他的生意营业状况很好，他也仍说出丧气的话。这样消极的状态是非常致命的，因为悲观的情绪会在人群中传播，继而摧毁员工们对公司事业的信心。

当人们处在乐观的氛围中，一切都会显得欣欣向荣，这当然会比在沮丧、阴郁的环境中，更能创造出好的工作成绩。几乎没有人，可以一方面说着消极话，另一方面又能奋发向上。

态度消极，毋庸置疑是我们最可怕的敌人之一。我们在工作中之所以不快乐、不舒服，往往是因为我们常想象自己是为上司所忽视、轻蔑的，总觉得自己是猜忌、误解和各种不良意志的目标。事实上，这些大多是毫无根据的，完全是我们消极思想的产物。有这种思想的人，会使自己为悲观主义的气氛所困扰；总戴着有色眼镜，使自己身边的一切为阴暗所笼罩，除此之外，就再也看不到别的东西。

乐观永远不愿和焦急、不满及过分的野心为伍，也永远不和罪恶一同生活；永远不会离开诚实和公正，永远不与懒惰与污浊同处。

乐观的心灵里，潜藏着巨大的财富。只要敢于正视未来，选对积极心态，敢于对“不可能”说“不”，你就拥有了成功的希望。

给自己一个希望

希望是催促人们前进的动力，只要活着，就有希望；只要抱有希望，生命便不会枯竭。

希望，不一定是多么伟大的目标，它可以小到平淡生活中的一些小期待、小盼望、小快乐、小满足。譬如，明天会看到太阳，明天要去听一场音乐会；过些天阳台上的盆花即将盛开，过些天将购买一件想要的物品，将完成一个崭新的计划；下星期约了老朋友喝茶，下星期即将有一小笔奖金……希望就是这样平平常常的满足，从从容容的期盼。

虽然在一些人眼里，这些尽是些微不足道的细碎小事，然而就是这些细碎的小事组成了令人喜悦的希望。

一位留学生刚到澳大利亚的时候，为了寻找一份能够糊口的工作，骑着一辆旧自行车沿着公路骑了数日，一路上他替人放羊、割草、收庄稼、洗碗……只要给一口饭吃，他就会停下疲惫的脚步。

一天，在一家餐馆打工的他，看见报纸上刊出一家公司的招聘启事。通过“过五关斩六将”，眼看他就要得到那个职位了，不想招聘主管却出人意料地问他：“你有车吗？你会开车吗？我们这份工作要时常外出，没有车寸步难行。”

这位留学生初来乍到还属无车族。为了争取这个极具诱惑力的工作，他不假思索地回答：“有！会！”

“四天后，开着你的车来上班。”主管说。

四天之内要买车、学车谈何容易，但为了生存，留学生豁出去了。他在朋友那里借了钱，从旧车市场买了一辆外表丑陋的“甲壳虫”。第一天他跟朋友学简单的驾驶技术；第二天他在朋友屋后的那块大草坪上摸索练习；第三天他歪歪斜斜地开着车上了公路；第四天他居然驾车去公司报了到。

时至今日，他已是那家公司的业务主管了。

这位留学生的业务水平如何我们无从知道，但他的胆识确实让人佩服。即使没有十足的把握，也给自己留一分希望去争取。如果他当初畏首畏尾地不敢向自己挑战，绝不会有日后的辉煌。正是面临这种后无退路的境地，人才会更加集中精力奋勇向前，在生活中争得属于自己的位置。

生活中的希望不论大小，只要值得我们去期待、去实现，都是美好的。而在这个过程中，我们必然会体会到其中的快乐，生命便也因此更丰盈，更有意义。

每天给自己一个希望，我们就有勇气和力量面对生活中的不幸。

有位医生素以医术高明享誉医学界，但不幸的是，就在他事业蒸蒸日上之时，他突然被诊断患有癌症。这对他不啻当头一棒，他一度情绪低落，但最终接受了这个事实，而且心态也为之一变，变得更宽容、更谦和、更懂得珍惜所拥有的一切。

在勤奋工作之余，他从没有放弃与病魔搏斗。就这样，他已平安度过了好几个年头。有人惊讶于他的事迹，就问他是什么神奇的力量在支撑着他。这位医生笑盈盈地答道：是希望。几乎每天早晨，我都给自己一个希望，希望我能多救治一个病人，希望我的笑容能温暖每个人。这位医生不但医术高明，做人的境界也很高。

在这个世界上，有许多事情是你难以预料的。你不能控制机遇，却可以掌握自己；你无法预知未来，却可以把握现在；你不知道自己的生命到底有多长，却可以安排当下的生活；你左右不了变化无常的天气，却可以调整自己的心情……

只要活着，就有希望，只要每天给自己一个希望，你的人生就一定不会失色。每天给自己一个希望，就是给自己一个目标，给自己一点信心。

希望是什么？希望是引爆生命潜能的导火索，是激发生命激情的催化剂。每天给自己一个希望，你将活得生机勃勃，哪里还有时间去叹息、去悲哀，将生命浪费在一些无聊的小事上。

生命是有限的，但希望是无限的，只要你不忘每天给自己一个希望，就一定能够拥有丰富多彩的人生！

激发信念潜能

很多时候，你用什么标准来衡量自己，你就会收获什么样的结果。一个有坚定信念的人，更容易取得人生的成功。

一个人只有愿意改变自己的想法，他的行为才可能彻底转变。比如说，你可能是一个刚刚进入职场的新员工，那么你应该如何以个人单薄的力量使老板关注你呢？毕竟，不少老板都认为不该跟员工太接近，也没必要设身处地去体会他们的感受，他们大多不想听员工倾诉委屈。

美国罗斯福总统夫人艾莉诺曾明智地指出："没有你的同意，谁都无法使你自卑。"因此想改变老板和同事对你的方式，必先改变自己的态度才行。先从说实话、分享意见、把好主意讲出来或理清自己生活中事情的优先顺序等方面着手来改变自己的态度吧。

别人对你的态度建立在你自尊自重的基础上，并受你自己的成就和自信的影响。

一旦你做到自尊自重并在工作中表现出色，你会惊喜地发现老板频频赞美你的表现，而且也会给你更多施展才华的机会。

当你因成就越大而越感到满足时，别人便会开始好奇你的转变，他们会问："你是怎么回事？"你可以说："从改变自己入手，你也会取得大成绩！"

人们的信念潜能犹如一座有待开发的金矿，蕴藏无穷，价值无限。

大多数人并非不能成功。只要充分发挥潜能，我们都可以成就一番属于自己的事业，都可以获得属于自己的成功。

牧羊女贞德就相信自己能够率领法国军队抵抗英国。她的信念非常强烈，17岁时她到查理王子面前说明她的信念，查理王子被她说服了，给了她一套盔甲和一支军队。后来，贞德领导法军多次打败强大的英军。

英国政治家威伯福斯就是一位对潜能有着强烈信念的人。威伯福斯个子矮小，名作家威斯韦尔听过威伯福斯的演讲，听后威斯韦尔感叹道：“我看他在台上真是小不点儿，但是听他演说，越听就越觉得他人越大，到后来感觉他竟成了巨人。”威伯福斯终生病弱，医生叫他吸鸦片烟以镇痛，多年来他却有本领不增加每日吸食的剂量。他反对奴隶贸易，英国废止奴隶贸易制度，多半是他的功劳。

让我们再重复一遍，信念是世上最强的力量之一，不论情况多恶劣，障碍多难克服，你都应该努力告诉自己，其中必有解决之道。作为一个希望有所成就之人，你应该充分激发自身的信念，充分发挥自身的潜能，这样你就有机会迎来成功的那一天。

如何提升心商

人生变化无常，世界错综复杂。在困难的形势下，我们更重视心商，提升心商，以坚强的意志力面对困难，以坚毅的心态克服困难。

如何提升自己的心商？提示自己拥有积极心态是非常重要的。只要是能激励我们积极思考、积极行动的词语，都可以作为自我提示语。

被称为成功学始祖的拿破仑·希尔曾列举一些有重要意义的提示语，这里摘录一些，供您参考：

你的心神所能构思而确信的，你便能完成它。

如果相信自己能够做到，你就能够做到。

你心里怎样思考，就会怎样去做。

在你生活的每一方面，都一天天变得更好而又更好。

现在就做，便能使异想天开的梦变成事实。

我觉得健康！我觉得快乐！我觉得好得不得了！

经常使用这类自我激励性的语句，并将其融入身心，将有助于我们抑制消极心态，保持积极心态，从而形成强大动力，达到成功。

除了用积极的自我提示语激励自己，要避免消极心态的困扰，我们还需要克服恐惧心理。这也是提升心商的重要一环。

人生在世不可避免地会产生恐惧心理，很多时候，我们会惧怕贫穷，惧怕批评，惧怕疾病，惧怕失去爱，惧怕变老，惧怕失去自由，惧怕死亡。这些都是消极的心态，如果任它们发展，将影响我们取得成功。如果我们的心中充满这些消极因素，而我们又没有决心去克服它们，那我们就会“不由自主”地“呈现”消极状态，我们的心商也难以得到提高。

重视心商，提升心商，将使我们的人生更精彩。那么，从现在做起，从点滴做起，提升我们的心商能力，摆脱消极心态对我们的影响，让我们拥有健康的心灵吧！

心商测试

一般而言，一个人的生理年龄和心理年龄是相符合的，但也有人会出现心理年龄落后于生理年龄，或者心理年龄大大高于生理年龄的现象。心理年龄测试可以帮助我们了解自己的心理年龄与生理年龄是否一致。

下面是一个经典的心理年龄测试，请你选择出最接近你心理状态的一项。

1. 困难的事情对你来说是：

A. 挑战　B. 需要克服的麻烦　C. 不愿意去想的事

2. 上班途中，看到前面有一个说话很啰唆的同事，你会：

A. 尽量走慢点，不想和他一路

B. 跟他打招呼，并快步超过他

C. 快步赶上他，一起谈笑风生地往办公室走

3. 你会因为心里难受而独自哭泣吗？

A. 会　B. 难说　C. 不会

4. 你认为你会成为一个中庸的人吗？

A. 绝对不可能　B. 暂时回答不了　C. 有可能

5. 你通常跟什么年龄段的朋友来往？

A. 比自己年轻的人　B. 和自己年龄相仿的人　C 比自己年长的人

6. 你平时怎么度过周末的时光？

A. 在家补睡眠　B. 和朋友出去娱乐　C. 自己在家做扫除

7. 你会梦想拥有一辆概念汽车吗？

A. 梦寐以求

B. 仔细想想，觉得不实际

C. 从来没有过这样的想法

8. 跟朋友约好一起吃饭，临出门前接到朋友取消约会的电话，你的反应是：

A. 在电话里就数落朋友

B. 虽然不舒服，但是尽量语气缓和

C. 放下电话后，自言自语地表示不满

9. 旅行前或者参加派对前的晚上，你的睡眠如何？

A. 因为激动而辗转反侧

B. 准备好东西后就睡着了

C. 睡不着是因为想着忘记了什么重要细节

10. 你愿意搬到乡下去居住吗？

A. 起码现在不希望

B. 偶尔去度假还可以考虑

C. 觉得乡下更适合自己居住

11. 你觉得以下哪个比喻更符合你对人生的态度？

A. 人生就是一场冒险游戏

B. 人生就是一场赌博

C. 人生就是一场梦

12. 学习一种新鲜事物，你会感觉到：

A. 很好玩　B. 比较容易　C. 比较困难

13. 你认为改变你的一种生活习惯是一件困难的事情吗？

A. 不觉得有大的困难

B. 要看具体是什么习惯

C. 改变习惯的确很困难

14. 你多久改变一次发型？

A. 一个月以内　B. 三个月左右　C. 一年左右

15. 你喜欢回忆往昔吗？

A. 不喜欢，我更喜欢憧憬未来

B. 触景生情的时候，还是要回忆

C. 经常沉溺在回忆的旋涡里

16. 你和朋友一起玩了一个通宵，第二天上班的时候，你会：

A. 和平时一样

B. 喝点咖啡提神，找空闲打瞌睡

C. 一整天都委靡不振

17. 周围有人说你固执吗？

A. 没有　B. 不清楚　C. 有人这样说

18. 一旦下了决心，马上就去行动，对于后果考虑得不是那么多？

A. 是的　B. 有时候是　C. 不是

19. 情绪上波动比较大，容易愤怒？

A. 是的，难以控制情绪

B. 不一定，要看情况

C. 不是，发现自己没有以前那么容易愤怒了

20. 对小说和电影等娱乐项目日益失去兴趣，认为那都是肤浅的？

A. 不是的　B. 说不清楚　C. 是的

21. 你会非常关注自己的身体健康吗？

A. 很少关注　B. 只有生病的时候才会注意　C. 随时都很注意

22. 对陌生的人或事都怀有旺盛的好奇心？

A. 是的　B. 不一定　C. 基本没有

23. 你对于时下流行的语言和服饰有了解吗？

A. 一直属于潮流尖端的人

B. 基本知道某一方面

C. 对于时下流行的东西感到不可思议

24. 你能保持注意力集中，专注做某一件事情多久？

A. 可以废寝忘食

B. 要看具体是什么事情

C. 不知道，或者很难专注做一件事很久

25. 如果亲戚外出，让你照顾他们 5 岁的孩子一下午，你会：

A. 和他一起看动画片或者一起玩

B. 给他吃东西，让他安静下来

C. 给他讲故事，哄他睡觉

测试结果：

A 得 3 分，B 得 2 分，C 得 1 分。将结果分值相加就是得分情况。

75 ~ 60 分，说明你的心理年龄只有十岁左右，你对这个世界还充满好奇心，一切在你看来都是新鲜和有趣的。你对外界的反应很直接，对情绪的控制能力很差。如果说你的生理年龄超过了心理年龄，那么你会很难适应周围的环境。

61 ~ 50 分，说明你的心理年龄在二十岁至三十岁，你已经有了自己的想法，也能控制一部分情绪和承担一定的责任。当你的理想和现实发生冲突的时候，你会感到很痛苦，你正在不断地摸索解决的办法。如果说你的生理年龄与你的心理年龄有超过十岁以上的差异，那么你的适应能力有待调节。

51 ~ 35 分，说明你的心理年龄在三十五岁至五十岁，你完全知道怎么处理各种矛盾，你也知道自己的问题出在哪里，你有丰富的社会经验和与人打交道的能力。对于生活中的大部分问题，你已经有了解决的办法。如果说你的生理年龄与你的心理年龄相差无几，那么你的适应能力已经很好。

36 ~ 25 分，说明你的心理年龄在五十岁至七十岁，你认为自己已经完全了解整个社会的所有问题，你形成了自己的处世风格。遇到问题，你坚信只有你知道唯一的正确答案。你在内心深处已经逐渐拒绝接受改变。如果说你的生理年龄比你的心理年龄小，那么你需要的是打破固有的约束，跟上社会的步伐继续前进。

志商：成功的精神支柱

志商，就是意志智商，指一个人的意志品质水平，包括坚韧性、目的性、果断性、自制力等方面。志商对一个人具有重要的影响。人生是小志小成，大志大成。许多人一生平庸，不是因为缺少才干，而是因为缺少明确的志向和清晰的发展目标。

志商及其作用

志商（Will Intelligence Quotient，简写成WQ），就是意志智商，指一个人的意志品质水平，包括坚韧性、目的性、果断性、自制力等方面，是衡量一个人意志的重要标志，在一定程度上影响一个人做事的成败。

一个没有坚韧的品质,没有持之以恒的毅力的人,即使智商再高,如果志商不高，其人生成就也是有限的。

“志不强者智不达，言不信者行不果”。这是墨子留给后人的一句至理名言。我国著名数学家华罗庚也说：“勤能补拙是良训，一分辛劳一分才。”这些都说明一个道理：志商对一个人具有重要的影响。人生是小志小成，大志大成。许多人一生平庸，不是因为缺少才干，而是因为缺少明确的志向和清晰的发展目标。

人生因理想而伟大。想要成功，首先要有志向，要有雄心壮志，使想成功的强烈欲望渗入你的潜意识里。《三国演义》里曹操曾经说过："夫英雄者，胸有大志，腹有良谋，有包藏宇宙之机，吞吐天地之志也。"这告诉我们，要成为英雄（成功者），需要有两个条件，即大志和良谋，可见大志对成功者的重要作用。

美国心理学者特尔曼从1921年开始对1528名智力超常的儿童进行前后长达五十年的大规模追踪研究。这些儿童的智商都在140分以上，而这些孩子成人后的情况如何呢？特尔曼对其中800名男性中成就最大的20%和成就最小的20%进行比较，结果发现：这两组人的差别主要在于他们的人格品质上，特别是意志品质。成就大的一组人在谨慎、进取心、自信心、不屈不挠、坚韧性等方面明显高于成就小的一组人。

志向是意志的重要方面。所谓"不想当将军的士兵不是好士兵"就是强调要有志向。

心中缺少志向的人，容易把世界看作是灰暗的，从而踏上悲观的歧途。可是，如果你有了志向，有了人生的大目标，那么就有了一个强有力的精神支柱，就不怕漫漫长夜，不怕外界的风云变幻。

如果你能将饱含志向的信念坚定地付诸实施，你便多了一分收获丰硕果实的希望。所以你一定要坚持自己的志向，让成功之泉汩汩流淌。

判断志商的高低

你可以从以下几个方面着手，判断自己志商的高低。

第一，做事情是否有方向性

你在做事时是不是毛手毛脚，奔东奔西，不见成效，很少考虑事情的结果？如果是这样，说明你做事情的方向性差。

你应为自己制订切实可行的发展计划，分段实现。目标要从小逐步加大，对自己的要求也要逐步地提高，要养成制订计划和设定目标的好习惯。

第二，面对困难是否意志坚定

你在遇到困难的时候是不是畏首畏尾、不战自败？是不是知难而退？如果是，说明你意志薄弱。

你要有坚韧的毅力和顽强的精神，要从大处着眼，从小事做起，不要一碰到困难便止步不前，而要克服一切困难，努力前进。

第三，做事是否干脆

你是不是胆小怕事，作决定时犹豫不决？如果是，说明你缺乏果断性。

你要锻炼自己，让自己具有敏捷的思维，处理事情要干脆、利落，不要拖泥带水。

第四，做事时自制力如何

你善于控制自己的情绪吗？你容易冲动吗？你经常不遵守纪律吗？如果是，说明你缺乏自我约束力，自制力差。

你要学会控制自己，不要遇到困难就惊慌失措，受到外界诱惑就任人摆布。你要学会自我约束。

第五，自信力如何

你做事情总是先看别人怎么做吗？你对别人盲目服从吗？如果是，说明你缺乏自信。

你要学会以正确的道德规范来评价事物，学会独立思考，坚持正确原则。

你可以对照上面的内容，对自己加以反省，相信你会逐步提高自己的志商。

理想是现实之母

成就伟大事业的人，多数都是梦想家。他们所完成的工作，与他们的想象力、能力、毅力，与他们对理想的执著程度和他们所付出的努力密切相关。

合理的梦想是具有创造性的，它使得你的愿望成为现实，使得你的渴望、你的希望成为现实。正像设计一幢建筑物，如果没有具体的设计方案，是很难建成的。在砖瓦运来之前，建筑师必须在头脑中描绘详尽的蓝图，必须先在构想中把它创造出来。同样，你要想完成某一伟业，在它成为现实之前，也必须在头脑中把它所需要的相关条件罗列出来。

想象是对可能性生活的设计。但是，如果你不通过执著追求、不懈努力使它变成现实，它就只能停留在设计上。这就像一个建筑师的设计，如果不通过建筑工人的努力使它成为现实，它就仅仅是一张设计图纸而已。

在梦想没有化为现实前，不要因为希望渺茫而放弃。你要保持良好的精神状态，你可以读一些激发你奋进的书籍，或和那些成就了一番事业的人保持联系，尽量学习他们的成功经验。

你应该在头脑中尽可能使理想具体化、形象化、合理化，这样，理想才有可能变成现实。

在晚上休息之前，你可以留一点时间给自己思考，静静地坐下来，任凭思想的野马驰骋。

不管你周围的环境怎样恶劣，你可以在想象中把自己提升到一种理想状态。但是，理想并不是荒诞无稽的幻想，而是现实的、合理的愿望以及来自心灵的真切渴望，它会引领你使生活变得美好。

要有适合自己的目标

目标的大小取决于开始制订目标时所处的地位。对于一个千万富翁来说，再赚十万八万，也许不算大事，也不是一个大目标，更谈不上是一个梦想。但是，对一位以卖茶蛋为生的售货摊贩来说，那就是个了不起的愿望了。

目标应当有多大？可以像米开朗基罗祷告中所说的那样："上帝允许我的成就永远比原来希望的更大。"伟大的梦想通常促使我们发挥自身最佳潜力，激励我们努力工作，瞄准目标，全力以赴。

请看下面这个故事。

罗马纳·巴纽埃洛斯是一位年轻的墨西哥姑娘，16岁就结婚了。在两年当中她生了两个儿子，丈夫不久后离家出走，罗马纳只好独自支撑家庭。但是，她决心谋求一种令她自己及两个儿子感到体面和自豪的生活。

她带着一块普通披巾包起全部财产，跨过里奥兰德河，在得克萨斯州的埃尔帕索安顿下来，并在一家洗衣店工作，一天仅赚1美元，但她从没忘记自己的梦想，即要在贫困的阴影中创建一种受人尊敬的生活。于是，口袋里只有7美元的她，带着两个儿子乘公共汽车来到洛杉矶寻求更好的发展。

她开始做洗碗的工作，后来找到什么活就做什么。拼命攒钱直到存了四百美元后，便和她的姨母共同买下一家拥有一台烙饼机及烙小玉米饼的店。

她与姨母共同制作的玉米饼非常成功，后来还开了几家分店。直到最后，姨母感觉到工作太辛苦了，她便买下了姨母的股份。

不久，她经营的小玉米饼店铺成为规模巨大的墨西哥食品批发商，拥有员工三百多人。

当她和两个儿子在经济上有了保障之后，这位勇敢的年轻妇女便将精力转移到提高她美籍墨西哥同胞的地位上。

“我们需要自己的银行，”她想。后来她便和许多朋友在东洛杉矶创建了“泛美国民银行”。这家银行主要是为美籍墨西哥人所居住的社区服务。很多人反对她，认为她是痴人说梦。可是，她坚持了下来，结果她真的梦想成真了。

如今，这家银行取得伟大成功的故事在东洛杉矶已经传为佳话。

一名默默无闻的墨西哥移民，胸怀大志，后来竟创建了一家银行！罗马纳的经历足以说明设定目标的重要性。但是有目标却不去行动，将只能以空想结束。因此，你的目标越具体越好，同时越明确越好。

比如，就业时“只是想进入银行”，这种目标不如改为：“我很想到某家银行就职”。要是能有“很想担任某种职位,怎样工作下去”就更好了。

如果你想成为医生、科学家，其路程虽然遥远，但你若能果断地说，“我一定要成为一名医生”或“我一定要当一名科学家”，那么，原先不容易实现的目标也会因此而变得离你更近。

人一定要有适合自己的目标，并为实现目标谨慎建设，尽力执行。

这里有四项设定目标的基本原则，可以作为参考。

一是设定的目标要明确。人生就是一个追求目标的过程，所以首先要清楚地知道你到底追求什么。

曾经有学生问老师：“老师，我一直希望自己能找到一个好女朋友，可是一直都找不到；你能不能帮帮我？”老师说：“好啊！那你首先告诉我，你想找一个什么样的女朋友，或者在你心中什么样的女孩子才算好呢？”学生回答说：“不知道，我也不知道到底怎样才算好。”老师说：“那你总得有个标准啊，比如长相啦、工作啦、家庭啦！”学生说：“没有！”

试想这个学生连他自己心中称心如意的女朋友的标准都不清楚，怎么能找到一个称心如意的女朋友？很多人每天拼命努力地赚钱，可是每天都过得非常不开心，非常难受。为什么？因为很多人都不知道自己那么努力地赚钱是为了什么。因此，要快快乐乐地去成功，而不是等到成功之后才快乐！

所以，首先要制订一个明确的目标。假如你要成功，那么在你心里，要对成功有一个明确的界定，比如赚到多少钱，组建一个怎样的家庭，或者是在你事业的领域获得多大的成就。

二是设定的目标要合理。设定了明确的目标后，这个目标所需要具备的第二项原则就是合理。何为合理？即合理的想法。那么，不合理的想法呢？就叫妄想。比如赚钱：假如今年你还是个月薪几千元的普通员工，而你设定一个目标，明年要赚够一千万。这有可能吗？一个普通人，跟刘翔去赛跑那不就是妄想吗？所以，合理的目标即是结合自身的能力为自己设定一个合乎情理的目标。比如说你要做一家企业的销售经理，你就要了解这家企业所销售的产品、运作方式及销售的技巧，还要有能力带领团队去创造价值，等等。因此，设定目标的第二个原则就是要合理，要量力而行！

三是设定目标要具有一定的挑战性。前面说到设定目标要合理，是否表示设定的目标一定要百分之百在你的掌控之中，不需要任何的挑战呢？当然不是，第三个原则就是：设定目标最好是具有一定的挑战性。

假如你是一个销售员，你的销售提成已经是每月 5000 元，现在你设定下个月要达到每月 5001 元的目标，这是明确又合理的，可是却没有挑战性，这样你将永远不会成长，或者说很慢很慢地成长。你要在人生的过程中多给自己一些挑战，设定的目标可以适度地超过自己的能力，这样便可以激发自己的潜能，完成之后你会发现原来你是可以做得更好的，原来你行，这样你便会对自己更有信心。

四是设定目标要有期限。很多成功人士在明确自己的目标之后，会立刻给它一个期限，然后在那个期限之前，无论如何都要去实现它。他们为了实现这个目标，会考虑过程中将遇到什么障碍，然后，想出一些解决的办法来帮助自己实现目标。

因此，很多成功人士在做事情之前，都会先问问自己："到底要在什么时候完成？"这个方法非常管用，很多成功的企业家都有为目标设定期限的习惯。你不妨也试试看，现在就列出想要完成的事情，然后给它们加上一个期限。

请一定要记住：不合理的期限将影响我们取得成功，而合理的期限更利于我们达成目标。

很多优秀的企业家都会提醒我们，千万不要做事情没有期限，比如：不要跟别人讨论事情没有期限，一聊就是一天；不要交代别人一件事情之后，只告诉他尽快做，而要告诉他在什么时候要交给你，这样做事才有效率。

对目标不轻言放弃

每个人都会有梦想，但梦想往往随岁月的流逝而消逝，只留下苍白而又简单的色彩。在这个世俗而又讲求物质的社会中，很多人认为梦想与成功之间的距离遥不可及。其实，并非如此，有时成功与失败的分水岭就在于能否坚持自己的梦想。

一个23岁的女孩子，除了有着丰富的想象力之外，与别人相比没有什么不同，平常的父母，平常的相貌，上的也是平常的大学。大学的宽松环境让她有了较多的时间去想象，她的脑海中常会出现童话中的情景：穿着白色衣裙的美丽姑娘、蔚蓝的天空、绿绿的草地，当然，还有巫婆和魔鬼……他们之间有着许多离奇的故事，她常常动手把这些想法写下来，并且乐此不疲。

在大学里，她爱上了一个男孩，他的举止和言谈真的和童话里的王子一样，他是她心目中的“白马王子”，她很爱他。但是，他却受不了她的脑海中那荒唐的不切实际的想法。最后他弃她而去。

失恋的打击并没有阻止她的梦想和写作。25岁那年，她带着一些淡淡的忧伤和改变生活环境的想法，来到了她向往的具有浪漫色彩的葡萄牙。在那里，她很快就找到了一份英语教师的工作，业余时间继续写她的童话故事。

一位青年记者很快走进了她的生活，青年记者幽默、风趣而且才华横溢。她爱上了他，他们很快步入了婚姻的殿堂。但她的奇思异想还是让他苦不堪言，他开始和其他姑娘来往。不久，他们的婚姻走到了尽头，他留给了她一个女儿。

她经受了生命中最沉重的一击。然而不幸的是，离婚后不久，她又被学校解聘了。无法在葡萄牙立足的她只得回到自己的故乡，靠领取社会救济金和亲友的资助生活。但她仍然没有停止她的写作，她的要求很低，只是把这些童话故事讲给女儿听。

有一次，她在英格兰乘地铁，她坐在冰冷的椅子上等晚点的地铁到来，一个人物造型突然涌上心头。回到家，她铺开稿纸，多年的生活阅历让她的灵感和创作热情一发不可收拾。

她的长篇童话《哈利·波特》问世了，并不看好这本书的出版商出版了这本书，没想到，书一上市就很畅销，发行量达到数百万册之巨，所有人都为此感到吃惊。这个女孩就是乔安娜·凯瑟琳·罗琳，她被评为“英国在职妇女收入榜”之首，被美国著名的《福布斯》杂志列入“100 名全球最有权力的名人”，名列第 25 位。

成就辉煌的人不会轻言放弃。有人说得好，成功者不过是爬起来比倒下去多一次而已。只要你相信并坚持你的梦想，对目标不轻言放弃，你就多了一分成功的可能。

要立刻行动起来

有人说人类有三大恶习，即任性、懒惰和嫉妒。然而，不干脆、拖延，是任性与懒惰的突出表现，是消极心态的代名词。

2004年的一期《商业周刊》登出的五十家标准普尔表现最佳公司中，埃克森－美孚排名第23位，并在《财富》评出的全球500强企业中排名第二。在这家公司领导的办公室里几乎都悬挂着一个显眼的数字电子白板，白板上显示着一段话：“绝不拖延！如果我拖延下去，我将会怎么样？如果将工作拖到以后再去做，那么会发生什么？”

“绝不拖延”是这家公司员工的重要行为准则之一。公司负责人解释说：“绝不拖延，我们就可以轻松愉快地生活和娱乐。避免拖延的唯一方法就是随时开始行动，而随时开始行动，首先必须认识到自己工作的重要性。另外必须记住的是，没有什么人会为我们承担拖延的损失，拖延的后果只有我们自己承担。如此一来，我们就可能在一个庞大的公司里，创造出每一个员工都不拖延哪怕半秒钟时间的奇迹。”

事实上，每个人都或多或少地存在着这种不良习惯——拖延。你可能常常因为拖延时间陷入不断的自我谴责之中，然而下一次又会不自觉地重犯拖延的毛病，这种司空见惯的现象频繁发生，以至于你把它当成一种不可改变的状态。

拖延时间，看似是人的一种本性，实质上是一种极其有害于工作和生活的恶习。也许你觉得偶尔拖延一下没有什么大不了，不会造成十分严重的后果，但可怕的是，每次拖延之后总是给自己寻找借口，并埋下了下一次继续拖延的祸根，以至于天长日久，让拖延成为自己身上一个无法医治的毒瘤，而使自己与成功无缘。

所以，有了想法和信心的时候却不行动，那就一切都等于零。如果我们有了好的思路和创意，一定要在第一时间彻底执行，不要让想法死在肚子里！在生活中，你常常会发现，你周围那些所谓的成功者及其成功模式你早已在若干年前就在脑海里演练了好多遍，只是你没有在第一时间行动起来或坚持到底，最终别人取得成功，而你只能抱憾终身。

你今天能想到的，最晚别人在后天也会想到，而市场竞争的实质就是时间和速度的竞争。通俗来讲“执行”就是干工作、做事情，把想法实现。有了好的行为，便会形成良好的习惯。当然，在执行的过程中，会遇到种种困难，这将使努力追求成功的人中约有百分之八十陷入痛苦，为什么追求成功会这么难呢？

在孤独的探索过程中，没有人帮助、没有人理解、更没有人加油喝彩，所以百分之八十的追求者们饮恨而终，放弃了本来的追求与憧憬。而聪明的你应该知道，既然选择了远方，就要面对一路上的风雨兼程，没有困难要上，有了困难解决困难还要上。其实，使你痛苦的必使你强大，摧残你的必使你更加坚强。

制订目标与实现目标相比，制订目标倒是容易的，难的是付诸行动实现目标。制订目标可以坐下来用脑子想，实现目标却需要扎扎实实行动，只有行动才能化目标为现实。目标制订好了，就不能有一丝一毫的犹豫，而要坚决地投入行动。观望、徘徊或者畏缩都会使你延误时间，使计划化为泡影。

你要对自己有信心，相信自己一定能成功。养成干脆的习惯，不拖延，马上付诸行动吧！

相信自己是优秀的

正如达尔文所说："物竞天择，适者生存。"特别是在今天，人与人之间的竞争十分激烈，稍有懈怠，你所做的一切努力便有可能被竞争的车轮碾个粉碎。在这种情况下，你更要相信自己是优秀的，在各个方面，在各个领域，绝不可不思进取。

有一位热衷于写作的年轻人。一天，父亲指着一则招聘启事对他说："某报社招编辑，你快去试试。"年轻人胆怯地说："有那么多大学生去应聘，我学历低，肯定是不行的。"后来，他的父亲一直赞美他的文章，说他是最棒的，高学历的人也不见得比得上他。在父亲的再三催促和鼓励下，他背着已发表的一千多篇"豆腐块"去应聘，结果被破格录用了！

故事中的年轻人能找到适合自己的工作，多亏了他的父亲，是他父亲的鼓励使他认识到自己就是那份工作合适的人选，否则，他很可能到现在还失业在家呢。可见，相信自己能够成功是获得成功的最好预言。所以，有人说："一个人所取得的成就不会超过他追求的目标。同样，一个人也不会超过他对自己的评价。"

害怕失败的人很难体会到事业成功的乐趣。无论何时，都要相信自己，相信自己可以成功，自信永远是成功不变的秘诀。

据说，即使是同一支军队，只要拿破仑亲率军队作战，战斗力便会增强一倍。因为，军队的战斗力在很大程度上取决于士兵对统帅的信心。如果统帅抱着怀疑、犹豫的态度，全军便会混乱。而拿破仑的自信与坚强，使他统率的每个士兵都增强了战斗力。

坚定的自信，是你取得事业成功的助推力。不论才干大小，天资高低，拥有坚定的自信心的人都更易取得成功。相信自己能够成功的人，就多了成功的可能；反之，不相信自己能成功的人，就难以成功。

与金钱、出身、人脉相比，自信是更有力量的东西，是人们取得事业成功的可靠资本。自信有助于我们排除障碍、克服困难，使我们的事业之路变得通畅。

许多人本来可以做大事、立大业，但实际上却做着小事，过着平庸的生活，原因就在于他们曾拥有远大的目标，不曾具有坚定的自信。

着力提升意志力

罗素·康维尔博士说："古往今来，对于成功秘诀的谈论实在是太多了。但其实，成功并没有什么秘诀。成功的声音一直在芸芸众生的耳边萦绕，只是没有人理会它罢了。而它反复述说的就是一个词——意志力。任何一个人，只要听见了它的声音并且用心去体会，就会获得足够的能量去攀越生命的巅峰。"

有一天，一位走钢丝的杂技演员签了一份协议，要在指定的日子里在两座二十几层的大厦间表演走钢丝。但是，签订协议不久，他的腰疼病就发作了。于是，他告诉医生必须在表演前把他治好。否则的话，他不仅会失去应挣的钱，而且会被罚一大笔钱。

但是，他的病情并不见好转。临表演前的最后一天晚上，医生坚决反对他第二天去走钢丝。第二天早晨，他的病情仍没有什么起色，医生禁止他下床，但他最终没有听从医生的意见。

他按时赶到表演现场，但在走钢丝的前一分钟他的腰都很疼。

他准备好平衡竿，沿着钢丝前进。虽然腰疼使他大汗淋漓，但结果，他的这次表演像以往的任何一次表演一样，很顺利。

医生问他是什么使他在腰病的情况下完成了走钢丝的表演。

他的答案非常简单，就是他的意志力。

从上面的故事我们可以看出，意志力对一个人的重大影响。意志力，是指面对某一个决心要完成的工作所表现出来的精神力量。一个拥有强大意志力的人，能够充分发挥自身的内在能量来实现自己的目标。

正如爱默生所说的，意志力是“鼓舞士气、振奋人心的冲劲”。

从这个意义上说，人的意志力就好比充电电池，它可以积聚很多的能量，并在恰当的操作下释放出来。在某个事件或者某种特殊情况的刺激下，一个人可能会表现出巨大的意志力，而这种意志力又可以引发超常的能量。由此可见，意志力可以积聚能量，并影响这种能量在数量和质量上的提高。

一个人的决心如果常常是不坚定的，那么，这个人就无法在工作中保持强大的意志力，也不可能有毅力去实现工作目标。因而，训练个人意志力，提升个人意志力，对于一个人赢得成功至关重要。

志商测试

本部分试题共26道，每道试题有五种答案，它们分别是：A. 完全符合 B. 比较符合 C. 有时符合 D. 不太符合 E. 完全不符合。

1. 我每天都坚持跑步、打太极拳、做气功或散步等体育活动。

2. 我给自己订的计划，常常因为主观原因不能如期完成。

3. 如没有特殊原因，我每天都按时起床，从不睡懒觉。

4. 我的作息没有什么规律性，经常随自己的情绪和兴致而变化。

5. 我信奉“凡事不干则已，干必成”的格言，并身体力行。

6. 我认为做事情不必太认真，做得成就做，做不成拉倒。

7. 我做一件事的积极性，主要取决于这件事的重要性，即该不该做，而不在于对这件事的兴趣，即不在于想不想做。

8. 晚间我躺在床上，有时下决心第二天要干一件重要事情，但到第二天这种劲头又消失了。

9. 当学习和娱乐发生冲突时，即使娱乐很有吸引力，我也会马上决定去学习。

10. 我常因读一本引人入胜的小说或看一部精彩的电视而不能按时入睡。

11. 我下决心办成的事情，不论遇到什么困难，我都会坚持下去。

12. 我在学习和工作中遇到困难，首先想到的就是问问别人有什么办法。

13. 我能长时间做一件很重要但枯燥无味的工作。

14. 我的兴趣多变，做事情常常是“这山望着那山高”。

15. 我决定做一件事时，常常说干就干，绝不拖拉或让它落空。

16. 我办事喜易怕难，爱拣容易的做，难的能拖就拖，能推则推。

17. 对于别人的意见，我从不盲从，总喜欢分析、鉴别一下。

18. 凡是比我能干的人的看法，我都不太怀疑。

19. 遇事我喜欢自己拿主意，当然也不排斥听取别人的建议。

20. 遇到复杂的情况，我常常举棋不定，许久不能做出决断。

21. 我喜欢做我从来没有做过的事情，不怕一个人独立负责重要的工作。

22. 我生性胆怯，没有十二分把握的事情，我从来不敢去做。

23. 我和同事、朋友、家人相处很有克制力，从不无故乱发脾气。

24. 在和别人争吵时，我总爱说一些过头话，甚至大吵大闹，尽管事后我会感到后悔，但事头上总也忍不住。

25. 我深信“有志者事竟成”的信条。

26. 我相信机遇，我认为机遇的作用超过个人的努力。

测试结果：

凡逢序号为单数的题目，A、B、C、D、E 依次为 5、4、3、2、1 分。凡是序号为双数的题目，A、B、C、D、E 依次为 1、2、3、4、5 分。将各题得分加起来，用总分对照下面的标准，就可知道自己志商的高低，也就知道意志力的情况了。

110 分以上，志商高，意志很坚强。

91 ~ 110 分，志商较高，意志比较坚强。

71 ~ 90 分，志商一般，意志一般。

51 ~ 70 分，志商低，意志比较薄弱。

50 分以下，志商很低，意志很薄弱。

灵商：成功关键靠悟性

灵商是关于事物本质的灵感、顿悟能力和直觉思维能力。成功人生没有定式，单靠成文的理论是解决不了实际问题的，还得需要悟性，需要灵商的闪现。修炼灵商，关键在于不断学习、观察、思考，敢于大胆地假设，敢于突破传统思维。

灵商及其功能

灵商（Spiritual Intelligence Quotient，缩写为SQ），即灵感智商，是心灵智力，是关于事物本质的灵感、顿悟能力和直觉思维能力。灵商是一种智力潜能，属于潜意识的能量范畴。

灵商在国际上被称为人的终极智能。国外权威研究发现：灵商高的人对心灵、灵魂、灵体等特殊的、非物质形态类客观存在的感应程度强，易有人生的高峰体验，内在平安、喜乐感强。一个人快乐不快乐、成功不成功、健康不健康，跟灵商关系最直接，灵商高，生命最快乐、最成功、最健康。高灵商的人在生理上有以下表征：眼睛闪亮（这是副交感神经的作用）；面部发光；身体感到轻盈；一切紧张压力均消失于无形。

少数灵商低于正常值的人往往容易出现压抑、失眠、焦躁、郁闷、忧愁、迷茫等情绪问题。如果你是属于这种情况的人，建议你经常到大自然的环境中去，让自己静下心来。此外，多听能量音乐，并每天让自己静下来冥想几分钟。每天如能冥想入静一段时间，生命升进的巨大空间会开始展开，身心的变化会十分明显。

灵商是这样一种高级智力，我们用它来提出和解决有意义有价值的问题，我们可以用它在一个更为宽广、更为丰富的环境里安排我们的行动和我们的生活，我们可以用它对行动的某个过程或者某段生命历程进行评价：这一段比那一段更有意义。

灵商促进人类创造，改动规则和变更情境。灵商允许我们与界限开玩笑，玩“无限的游戏”。灵商赋予我们以辨别的能力。灵商赋予我们以道德感，一种随着理解和同情使刚性的规则变得柔和的能力，一种同样的发现同情和理解何时达到其限度的能力。我们用灵商来努力应对各种美好的和邪恶的道德问题，来展望各种尚未实现的可能性——去梦想、去追求，使我们自己脱离污浊。

开发“灵商”的主要意义在于：一是可用灵感思维的顿悟火花，提出和解决有重大意义和创新价值的崭新课题。二是可用直觉感知思维的火花，拓展形象创意策划与科学发现的预测研究。

追求心灵成长

定义“心灵成长”这个概念，我们首先要认可心灵的存在，认可作为人类的一员，我们不仅是物质的存在，也是精神的存在，生活不仅是为了满足我们的物质需求，也是为了实现我们的精神价值。而心灵的成长，往往不是自动或偶然发生的，而是我们主动努力和追求的结果。心灵成长是一个意识成长、灵魂进化的过程。

广义而言，任何对生命和自我的新的感受、体验和领悟都可以被视为心灵成长的具体内容。而狭义上讲，心灵成长指的是一种自我的觉醒。

那么，“心灵成长”的目的何在呢？就是通过一些心理学的手段和方法，处理心理创伤，帮助人们认识自我，提高自我觉察力，学会自我负责，并最终找到内在的平衡。通过心灵成长可以学习到：坦然接纳一切无法改变的，努力改变一切可以改变的，学习以智慧来分辨这两者。已经发生的事实是无法改变的，但却可以丰富我们的经验，使我们避免错误重复发生，更好地活在当下。

获得心灵成长的有效方法之一就是通过生活本身，在每一个当下活出真正的自己。

当我们终于从“自我的昏睡”中醒来，我们就会将我们的焦点转向更大和更广阔的画面，我们就会知道自己真正想要的是什么，想成为什么样的人；我们就会变得充满热情、富有活力和创造力；我们会发现新的目标、迎接新的挑战、开始新的旅程。我们将满怀爱心和同情心，更具智慧与宽容，善于关心和体贴他人，自觉珍惜和保护环境，努力探索新的未知领域，创造更加美好和光明的未来。

追求心灵成长，就是为了活在觉察之中，为了感受和表达爱和感恩，就是为了去创造更多，去体验更多的喜悦，过一种富有意义、和谐而丰盛的生活。另一方面，对心灵成长的追求并不是要忽视或否定世俗生活，而是真正明白，在我们所追求的成功与名誉、权力与财富、安全与满足的背后，我们所真正渴望的是真我的实现，简言之，就是活出我们灵魂的特质——自由、真理、爱和喜悦。

心灵成长不是一个漫长而痛苦的过程，而是一个充满喜悦和充实感的过程，在心灵不断成长下的生活才是美好的生活。

拓展形象思维

一次，一位不知相对论为何物的年轻人向爱因斯坦请教相对论。

相对论是爱因斯坦创立的既高深又抽象的物理理论，要在几分钟内让一个门外汉弄懂什么是相对论，简直比登天还难。

然而爱因斯坦却用十分简洁、形象的话语对深奥的相对论做出了解释："比方说，你同最亲爱的人在一起聊天，一个钟头过去了，你只觉得过了5分钟；可如果让你一个人在大热天孤单地坐在炽热的火炉旁，5 分钟就好像一个小时。这就是相对论！”

在这里，爱因斯坦所运用的就是形象思维。当我们碰到较难说清的问题时，如能像爱因斯坦那样利用形象思维打一个比方，或画一个示意图，对方往往会豁然开朗。

形象思维还可以用于发明创造，使发明的过程变得简单明了。

田熊常吉原是一位木材商，文化程度有限，可他却运用丰富的形象思维改进了锅炉。田熊首先将锅炉系统简化成“锅系统”和“炉系统”，锅系统包括集水器、循环水管、汽包等，主要功能是尽可能多地吸热，保证冷热水循环；炉系统包括燃烧炉排风机、鼓风机、烟道等，主要功能是给“锅系统”供热，减少热损失。简言之，锅炉的要素就是燃烧供热和水循环。

田熊想，人体不就是一个热效率很高的锅炉系统吗？于是田熊马上画出了一张人体血液循环图和一张锅炉的结构模型，将两者进行比较后，田熊发现，心脏相当于汽包，瓣膜相当于集水器，动脉相当于降水管，静脉相当于水管群，毛细血管与水包相似。据此，他构思出了新型锅炉的结构方案，锅炉经过田熊的改造后，热效率果然大大提高了。

形象思维使我们的头脑充满了生动的画面，为我们展现了一个更为丰富多彩的世界，是需要我们学习、掌握的一种必备的思维方法。

训练形象思维，就要努力培养自己的观察能力。观察是智慧的眼睛，是创造的基础，勤于观察，善于观察，就能积累丰富的形象资料。头脑中的感性形象多了，易于大脑右半球进行活动，易于产生活跃的形象思维。同时，要使形象思维活跃起来，还要培养丰富的联想能力，并努力运用形象思维进行创造、设计。

利用灵感资源

创新几乎无一例外起始于人类大脑中的想法和灵感，可见，人的想法和灵感是创新的起点和灵魂，是创新的基础和原始资源！充分利用这些资源，可以使你的灵商指数大大提升，从而为成功创造条件。

人的灵感具有一系列特点，首先，人的灵感的产生大多是随机的，不由人任意控制的。其次，任何能正常思维的人都可能产生各种各样的灵感。无论是权贵还是平民，无论是科学院所里知识渊博的专家学者还是贫困地区的文盲都有产生灵感的可能。再次，产生灵感几乎不需要投入成本，而灵感却有可能具有巨大的价值。灵感价值的大小也是随机的，不会因为你身份高贵就让你产生高级的灵感，也不会因为你身份卑微就只让你产生普通的灵感。灵感还有一个特点就是稍纵即逝，不论你是谁，如果不能及时抓住随机产生的灵感，它都可能永不会再来。

灵感随时可能产生，而且几乎不需要任何投入，而它的捕捉挖掘、保存提炼、实现价值则可能需要一定投入，而且往往需要经历一定的程序和过程。当灵感闪现，特别是大多数普通人大脑中突然产生了与自己分内工作无关的灵感时，由于文化教育基础等多方面的原因，许多人不具备自我挖掘提炼和实施自己灵感的能力和条件，只能让灵感白白流失。正是由于这个原因，很多本来具备创新潜力的人都没有实现创新和发明，创新发明也几乎成了少数科学家、发明家的专利，而大多数普通老百姓甚至认为自己没有创新发明的资格，从而不能实现自我超越。

人是万物之灵，人与动物最大的区别就是人能独立思考，具备独立思考能力其实就具备了创新的潜能，而这正是绝大多数正常人都具备的。其实，当一个人产生了别人没有产生过的想法和灵感时，也就是他创新的开始，也就是说他已经具备了创新最基本的必要条件！

人类历史上的许多创新和科技进步都不是由最有知识的科学家实现的。正因为灵感具有偶然性，所以创新的发生、科技的进步是很难计划的，正所谓“有心栽花花不开，无心插柳柳成荫”。了解了这个事实，我们就更应该立刻转变观念，高度重视保护自己大脑中随时产生的灵感。

当灵感的火花闪现的时候，千万不要不当回事，一定要即时将灵感记录下来，保存下来。之后，再进行整理和认真思考，选择出有价值的灵感修改完善，并将其阐述清楚，表达完整。有时，甚至要对其可行性进行充分论证，必要时还可以请相关专家帮助严格把关，把不可行的胡思乱想剔除掉，而对有价值的灵感要尽可能修改完善并提出相应的实施方法。

最大限度地利用大脑中的灵感资源，你将大大加速自身的发展。

做到明辨是非

明辨是非不容易，首先是是与非的标准不同。大体说来是与非的标准有四类：一类是以社会道德准则为标准，违反的为非，遵守的为是。这种标准往往是不固定的，因为不同人群的道德观念有所不同。第二类是以个人的功利为标准。凡是自己能够得到且不伤害别人的为是，否则为非。第三类是以法规为准则。合法守法为是，反之为非。第四类是以真理为标准，凡证明是真理者为是，证明不是真理者为非。

宋国有个小人得到一块璞玉，献给本国的大夫子罕。子罕不受。于是这个小人说："这是宝玉呀，最适宜给君子做用具，留给我们地位低下的人是不合适的。"子罕回答："尔以玉为宝，我以不受子玉为宝。我们何不各守其宝？"

小人以"璞玉"为宝，子罕以"不贪"为宝。许多人听了这个故事以后，都鄙小人而赞子罕。其实仔细想想，这个小人之语也不无道理。"不贪"是宝，"宝玉"也是宝。"不贪"是"精神之宝"，而"宝玉"则是"物质之宝"。按照常理来说，人们既需要"精神之宝"，也需要"物质之宝"。而且在很多人眼里，"物质之宝"比"精神之宝"更为重要。子罕的可贵，不在于他鄙视宝玉，而在于他是个理想的人，把"精神之宝"看作真理，注重以真理为标准看是非。

要想明辨是非，就要做到以下几点：

一是明确是与非的标准。

二是不断积累总结经验。

三是认真学习逻辑。

四是正确对待调查研究。

五是用自己和别人的实践检验结论。

六是坚持不懈地探讨真理。

灵商培养途径

灵商可以助你看到事物背后无形的精神因素。开发灵商对于实现个体的全面发展，培养优秀人才，实现人际和谐具有重要意义。

先天性因素对灵商很重要，但先天并不能决定全部，后天的修炼也是相当重要的。下面为您提供一些培养灵商的途径，供您参考。

第一，学会换角度看问题

换个角度看问题，可以使你获得新的想法，做出与常规思维不一样的行为决策。变则通,通则灵。常规思维可能会限制我们的视野,尤其在遇到挫折时,常规思维使我们无法摆脱困扰,除了给我们造成心理上的困扰,还会导致行为上的偏差。因此,我们要学会变通,换一种立场和角度看问题,从挫折中不断总结经验,争取创造性的变革。

第二,获得有益的知识

丰富的知识是生理基础之外灵商得以存在和发挥效能的必要条件,你应当努力学习尽可能丰富的知识,这是培养灵商的一个重要方面。

有效的学习能力,是衡量人才的重要尺度。我们可以通过学习开发大脑潜力,吸纳有价值的信息和资讯。实践证明,一个人如果能通过学习加强修炼,就能在原有基础上获得提高。要想提高学习能力,读书是一种有效的方法。练好"内功",提高自身的素质和修养,有益于身心健康,这是古今能人共同追求的目标。

第三,与成功者在一起

此外,与成功者在一起,汲取他人的成功经验,是通往卓越的捷径。如果你看见别人做出令你心羡的成就,你就应该付出时间和努力,积极向他人学习,以期作出令自己满意的成绩。

第四,提高领悟力

孔子在《论语》中说过,"学而不思则罔,思而不学则殆",意思是说你不仅要会学,还要勤思考、会领悟。表现在实际的工作中,就是要把学到的东西融会贯通，做到理论联系实际，触类旁通，让自己由内而外不断提高。

一个人的灵商可以通过有计划的训练获得提高。灵商高的人能够在生活工作中明白很多事理，领悟到书上没有的东西，不断在日常的生活和工作中思考吧，这将促成你灵感的飞跃。

第五，保持危机意识

孟子说“生于忧患，死于安乐”，也就是告诉我们“人要有危机意识”。一个国家如果没有危机意识，迟早会灭亡；一个企业如果没有危机意识，迟早会垮掉；一个人如果没有危机意识，迟早会遭遇不可预知的灾难。

未雨绸缪是一种好的思维习惯。未来是难以预测的，人也不是天天都能交上好运。因此，我们要在心理上和行动上有所准备，以应对突如其来的变化。有了危机意识，也许不能把问题全部解决，却可以把出差错的概率降低。高灵商的人，懂得在顺境中为自己找一条退路，在逆境中为自己找一条出路，谨慎行事，时时如履薄兵。人在这样的危机意识下，更能激发灵感与创意。

第六，培育丰富的情感世界

情感是引导知识和能力正常运行和高效发挥的“活水”，是人成其为人的重要标志。

培育丰富的情感世界，主要应该提高个体的情商，而提高情商又应当从提高以下五个方面的能力着手：

一是认识自身情绪的能力；

二是妥善管理情绪的能力；

三是自我激励的能力；

四是认识他人情绪的能力；

五是人际关系的管理能力。

第七，培育旺盛的创新能力

有学者提出教育的三个境界：最低境界是教知识，其次是教方法，最高境界是教心态。在这里，我们可以说教心态的依据之一就是灵商。因为，灵商可以影响一个人的创造性思维和创新能力。反过来，旺盛创造力的培育也可以有力推动灵商的培养。

灵商测试

下面这个灵商测试题，是美国心理学家的研究成果，据说通过这个测验，不仅可以让你得到前所未有的体验，更能让你探知“灵商”这个鲜为人知的内在潜能。

1. 你的性别是：

A. 男，2 分　B. 女，5 分

2. 你的年龄是：

A. 0 岁～30 岁，10 分

B. 31 岁～60 岁，4 分

C. 61 岁或以上，2 分

3. 你的出生时间在：

A. 3 时 ~ 9 时，4 分

B. 9 时 ~ 15 时，0 分

C. 15 时 ~ 21 时，2 分

D. 21 时 ~ 3 时，8 分

4. 你是否有过对正发生在你身上的事有一种似曾相识的感觉？

A. 有，6 分　B. 没有，0 分

5. 你是否差不多每次作完梦醒过来后都可以将梦中的事物一一道出？

A. 是，4 分　B. 不是，0 分

6. 你是否曾和别人发生过性行为？

A. 是，0 分　B. 不是，3 分

7. 你是否有宗教信仰？

A. 是，4 分　B. 不是，0 分

8. 你是否在夜间比白天精神？

A. 是，4 分　B. 不是，0 分。

9. 你是否经常听到别人听不到的声音？

A. 是，2 分　B. 不是，9 分

10. 你是否曾经现场目睹罕有的大灾难或犯罪发生？

A. 是，8 分　B. 不是，2 分

11. 你在抽奖活动中是否属于经常中奖的一群？

A. 是，6 分　B. 不是，2 分

12. 你比较喜欢晴天还是雨天？

A. 晴天，2 分　B. 雨天，4 分

13. 你有没有梦游的习惯？

A. 有，2 分　B. 没有，0 分

14. 你能否闭着眼睛用右手食指指尖一下子就能碰到左手的食指指尖？

A. 能，6 分　B. 不能，2 分

15. 你是否经常听到别人说你好像能够猜到他们心中在想什么？

A. 是，6 分　B. 不是，2 分

16. 你有没有过心中所想的事突然之间就发生了（注意：那件事一定不能够以逻辑推断出来）？

A. 有，4 分　B. 没有，0 分

17. 你能否在街上不使用任何辅助物品就能随时随地闭着眼准确指出正北方的位置？

A. 能，9 分　B. 不能，2 分

18. 你是否能够在没有任何提示下，闭着眼讲出现在的时间而误差少于十五分钟？

A. 能，20 分　B. 不能，0 分

测试结果：

将每个答案所得分数相加，然后再加上 50，就是你的灵商。灵商越高，感知力越强。

健商：身体健康是本钱

健商是指一个人应具备和已具备的健康意识、健康知识和健康状况。

健商及其重要意义

健商 (Health Quotient，缩写为 HQ)，是健康商数，代表一个人的健康智慧及其对健康的态度。

健商包括下面几大要素：一是自我保健，即通过健康的生活方式、乐观的生活态度控制健康；二是健康知识，一个人对健康知识掌握得越多，就越能对自己的健康做出明智的选择；三是精神健康，克服焦虑、愤怒和压抑，在精神上感到满足；四是生活技能，即通过重新评估环境，包括工作和人际关系来改善生活，掌握健康的秘诀和方法。事实上，健商的培养也是关于这几个方面的落实和实施。

健商的特点是具有全面性。健康状况涉及一个人存在的方方面面，包括生理的、心理的、情感的、精神的等因素，影响着我们的生活质量。这里，我们不仅仅把健康定义为没有患病，而是更广义地指称一个人的良好状态。比如，保护良好的心理状态将有助于一个人保持健康。

表面上看，健商可能意味着每天散一会儿步，改变不良饮食习惯，发现对付压力的新技巧或者从事一项新的体育活动。但是实际上，它的意义远不止于此。了解健商，利用健商，提高健商，可以帮助你正确对待自己的健康状况，作出明智的决策，制订出适合自己的改善生活和健康状况的行动计划，从而大大提高生活质量，健康长寿。

检验一下你的健商吧，看看你对自己的身体，自己的健康状况到底有几分了解，要知道良好的健康状况是值得所有人拥有的宝贵财富。健康好比是“1”，事业、爱情、金钱、家庭、友谊、权力等好比“1”后面的“0”。虽然我们的人生不能仅仅有“1”，但是如果失去了“1”，后面的“0”再多也将失去意义，正所谓健康是福。

健康的生活方式

所谓“生活方式”，简单地说就是怎样生活，是指人们长期受一定的民族文化、社会规范以及家庭影响所形成的一系列生活意识、生活习惯和生活制度的总和。健康的生命首先取决于自己。良好的生活方式可以促进人体的健康，反之，则会危害人体的健康。

医学工作者通过大量研究，总结出了我们应该推行的健康生活方式，就是要做到“八注意”：合理膳食、规律起居、保证睡眠、劳逸结合、性爱和谐、戒烟限酒、适量运动、心理平衡。

第一，合理膳食

影响人的健康和寿命的因素是多方面的，而饮食是其中一个重要方面。医学专家们认为，营养不足和营养不平衡是导致多种疾病的重要诱因，如糖尿病、高血压病、冠心病、高脂血症、痛风症、癌症等，无不与膳食平衡失调有关。

平衡膳食是一种科学的合理的膳食，它强调膳食所提供的热能和各种营养素，不仅要全面，而且膳食的营养供给与人体的需要之间必须取得平衡，既不过剩也不欠缺，同时各种营养素之间能够保持合适的比例，相互配合而不失调。

我国营养专家根据国情，制定了相关膳食指南，其原则包括：食物要多样、饥饱要适当、油脂要适量、粗细要搭配、食盐要限量、甜食要少吃、饮酒要节制、三餐要合理。遵守这些原则，将有助于达到合理膳食的要求。

第二，规律起居

起居，主要指作息，也包括对各种日常生活活动的安排。从一些长寿老人的生活经验来看，符合生理要求的作息制度，良好的习惯，是健康长寿的经验。科学家们发现，人体内的各种生理活动都存在着与大自然密切相关的生物节律即“生物钟”。

所以，我们的生活起居必须“有常”，坚持合理地安排起居作息，保持良好的生活习惯，尽量使工作、学习、休息保持一定的规律，不违背人体生理的变化规律，并与大自然相适应，以顺应“生物钟”

的要求。这是保证身心健康、延年益寿的重要保健方法。

第三，保证睡眠

睡眠是人生活中的一个重要组成部分。人的一生有三分之一的时间是在睡眠中度过的，好的睡眠对恢复体力、增强智慧、保证健康十分重要。可以说，没有良好的睡眠就没有健康。

睡眠不仅能使我们的身体得到休息，使我们恢复体力，还能让大脑得到休息，恢复脑力。通过睡眠，人们能够获得全身心的休息、恢复和调整。科学家认为，如果你希望自己健康，就必须重视睡眠对健康的作用。

第四，劳逸结合

据一项科学研究报告表明，长期处于过度紧张状态可能对人体健康产生致命的影响。有句话说得好："疲劳过度的人是在追逐死亡。"

长期处于疲劳状态，不仅容易导致工作效率降低，还可能诱发疾病。因此，我们在快节奏的工作与生活中，一定要注意劳逸结合，努力在紧张的工作中既保证工作效率，又预防疾病的产生，达到事业与身体健康两者兼得的目的。

第五，性爱和谐

许多研究者认为：爱情是人类情感的重要组成部分，它对健康的影响巨大。和谐的性生活能使夫妻双方的身心保持健康，有助于健康长寿。研究还发现，正常的性生活可以增强人们的免疫功能，缓解疾病疼痛，解除紧张情绪，调节心理平衡，对身心健康有积极作用。

第六，戒烟限酒

众所周知，烟草中的许多物质对人体有害。长期吸烟有可能引发疾病和死亡。

吸烟对人体健康危害极大，但一旦戒烟就可降低相关疾病的发病率，所以为了自己和他人的健康，奉劝烟瘾很大的人还是尽快戒烟。

酗酒对人体的危害是毋庸置疑的，但适量饮酒具有一定的保健作用。酗酒损害健康，而适量饮酒则有益健康，要使饮酒有利于健康，关键在于适量。

第七，适量运动

“生命在于运动”。这句话揭示了一条极为重要的规律——动则不衰。一个人要想健康长寿，就需要适量的运动。

我们在参加体育锻炼时需要掌握两个要点，即持之以恒和运动适量。强度适当且有规律的有氧运动可以增强人体的免疫功能，而过量运动则会削弱人体的免疫功能，使病毒和细菌乘虚而入，以致患病。因此我们需要根据各人的不同身体状况，制定适合自己的运动方案，这样才会收到良好的健身效果，达到健康长寿的目标。

第八，心态平衡

人的健康除了身体健康外，还应包括心理健康。现代医学证明，许多疾病，如癌症、高血压、偏头痛、溃疡等都与心理因素有一定的联系，可见，良好的心理状态对于保持健康有着重要的意义。

健康就掌握在我们自己手中，让我们从现在开始，从自己开始行动吧！

保持积极乐观的情绪

心理学家指出，积极的情绪可以开启人们的心灵，使人们获得更多发展的可能，也就是说，以积极情绪思考的人比以消极情绪思考的人拥有更多的选择和资源。事实上，在做决策时，除了逻辑思维，你积极的情绪也是作出重大决定时重要的指南。积极的情绪，将有助于我们提高工作效率。而消极的情绪会限制我们的思考能力。

积极的情绪可以调节负面的情绪，使我们以更好的心态完成工作。更为重要的是，积极的情绪往往会使我们产生更具创造力的想法，使我们处理问题时，更有弹性。如果你积极地看待世界，你就可以积极地解决问题，并发现解决问题的新途径。

以积极的情绪改变负面的心理状态，必须从认知着手，同时有意识地改变情绪。

心理学家为我们提供了一些培养积极情绪的方法，你可以按照这些方法进行练习。

方法之一：自我对话

以不同的方式与自己对话，逐渐让自己变得更积极。下面这两句话你相信哪一个？

第一句话是："我怎么做都一样，因为无论怎样，倒霉的事情总会发生在我身上。"第二句话是："我所采取的行动可能引起改变，我能把事情做得更好。"

相信第一句话的人认为，别人和周围的环境决定了他们的生活。这种悲观的自我对话使他们甚至不愿尝试一下改变。面对挑战，这些人可能对自己说："我不行，我肯定不行。我为什么还要试呢？我无论如何努力也不能使情况有什么改变。我遇到这些问题都是外界的错。"

相信第二句话的人认为他们能够控制生活的某些方面，即使是在困难面前，积极的想法也能促使他们采取合理行动。面对挑战时，乐观的人会这样想："我要试一试。我所做的事很重要，我能改变局面，我有责任使事情得到改善。"积极乐观的思想比消极的思想更可能引导我们走向成功。

当你需要解决问题的时候，你真正传递给自己的信息是什么？慢慢地改变你与自己的对话，争取以积极、乐观的态度进行思考。比如，由"关于……我什么都不能做。我怎样努力都没用，没有试的必要"改进到"关于……我或许能够做一些事情。在某些小的方面我或许能够把事情做得更好"。乐观一些的说法，如："关于……

我可以做一些有益的事情。以前，我做过类似的事情，产生了不错的结果。”更加乐观的说法，如：“我确信我能够改变这个问题，通过……使之成为我能够应付的挑战。我有解决问题所需的技巧和相关信息。”

当你朝着目标努力时，请不断地强化这些改善后的说法，精神上的转变将引导你改变对事物的看法。

方法之二：发现你工作的意义

相信自己工作很重要的人比认为自己工作没有价值的人积极性更高。一些人通过帮助别人、开发出新的产品、为家庭挣更多的钱、学习新的技巧等方式实现自己的价值。关注工作中对你最重要的那一部分，努力去做更多对自己有意义的事情。你可以这样问自己：“我的工作之所以重要，是因为……”，“我特别喜欢我的工作，是因为……”如果你发现工作并不令你满意，也不愿去改变它，那么你就要考虑换一份新的工作甚至尝试换一种职业。

方法之三：关心自己和他人

乐观的人善于与他人建立相互信任的人际关系。由于我们的工作和家庭生活经常相互重叠，我们需要在工作和家庭之间建立积极的、相互支持的人际网络。这种人际关系网络，可以为你提供以下好处：有助于解决问题，分享有用的信息，提醒你问题的出现，帮助你改善自我感受并认识到自己的成功。由此可见，良好的人际关系能够帮助你踏上成功的台阶。

坚决克服焦虑情绪

我们焦虑时往往是头脑中有不合理的思维存在，而焦虑状态可能会导致我们的身体出现不正常的反应。如果出现焦虑情绪，建议您不妨按以下几种方法进行自我调节。

第一，自我暗示

法国大作家大仲马说过：“人生是一串由无数的烦恼组成的念珠，达观的人总是笑着念完这串念珠的。”我们的生活中处处可见自我暗示，例如，清晨你对着镜子梳洗打扮，如果看到自己的脸色很好，往往心情舒畅，这就是一种自我暗示。

第二，充足的睡眠

良好的、充足的睡眠可以消除大脑疲劳，使我们精力充沛、头脑清醒。充足的睡眠是从容应对的保障，也是克服焦虑情绪行之有效的方法。

第三，适当运动

适当的运动是消除大脑疲劳的有效方法。如散散步、打打球、做做体操。因为运动可以消除使人们紧张的化学物质，运动虽然使肌肉疲劳，但可以使神经放松。

第四，从事自己感兴趣的事情

人们在从事自己感兴趣的事情的时候，更容易将身心都投入进去，达到物我两忘的境界，什么忧愁烦恼都被抛到九霄云外。因此，我们可以在紧张的学习或工作之后，做一些自己感兴趣的事情，如，唱唱歌、看看报、听听音乐等，以消除疲劳，化解烦恼，远离焦虑情绪。

第五，合理宣泄情绪

宣泄情绪是缓解压力、保持心理平衡的重要手段。众所周知，有些焦虑情绪是由于坏情绪的不断积压引起的。针对这种情况，可采用如下方法：

一是聊天法，即通过向亲人或朋友述说自己的积怨，求得他人的理解和同情，使自己的内心得到调整；

二是哭笑法，如果内心憋得难受，又无法与人倾诉，可找一个适宜的地方，放声大哭或大笑，以宣泄自己内心的不平；

三是书面释放法，可以用写日记或书信的方式，释放自己的苦恼。

第六，开展游戏活动

通过开展游戏活动，使处于焦虑情绪的人参与其中，进入角色，忘记疲劳，转移注意力，调整机体的平衡，摆脱内心的烦恼。

第七，音乐疗法

音乐能影响人的情绪和生理机能。如：圣洁、高雅的音乐，可使人净化灵魂、境界开阔；浪漫的音乐，可激起人们恻隐、怜悯之心，等等。

不要让愤怒支配自己

生活中总有一些让人不愉快的事情，遇到这种情况就得学会控制好自己的情绪，让愤怒远离自己。不生气就等于是给自己自由，让自己少一分精神上的痛苦，如此才能够真正敞开胸怀，体验生命的美好。而如果一味地与坏情绪纠缠不清就会为此而付出巨大的代价。

> 曾经有个男人，他老婆生小孩时难产死了。幸好，他家有条聪明懂事的狗，帮他担负起照看婴儿的重担。有一天，这个男人有事外出，很晚才回来。狗发现主人回来了，欢快地出来迎接。可是男人看到狗嘴里都是血，一种不祥的预感顿时涌上心头，怀疑这狗由于饥饿兽性发作把孩子给吃了。于是他连忙赶到床边一看，没有孩子，只有一堆血迹。男人在狂怒之下，拿起棍子便将这条狗活活打死了。谁知就在这时候，孩子哭着从床底下爬了出来，男人这才知道自己错怪了狗，四下查看，发现不远处躺着一条狼，已被活活咬死，再看那条狗，后腿已被严重抓伤。原来男人不在时，有条狼溜了进来想偷吃孩子，狗勇敢地冲上去与狼搏斗，最终保住

了孩子的生命。男人知道真相后，号啕大哭，悔恨不已，可是一切已经无法补救。

这个男人内心充满强烈的愤怒时，完全失去了理智。结果，他伤害了保护孩子的狗，也在自己的内心刻下了深深的内疚。这样的悲剧本来是完全可以避免的，却因为男人的冲动变得无法挽回。事后，他后悔极了，可是又有什么用呢？

1936 年 9 月 7 日，世界台球冠军争夺赛在纽约举行。路易斯·福克斯的得分一路遥遥领先，只要再得几分他便可稳拿冠军了，意想不到的是，正在此时他发现一只苍蝇落在主球上，便挥手将苍蝇赶走。可是，当他俯身击球的时候，那只苍蝇又飞回到主球上来。他在观众的笑声中再一次起身驱赶苍蝇。这只讨厌的苍蝇破坏了他的情绪，而且更为糟糕的是，苍蝇好像是有意跟他作对，他一回到球台，它就又飞回到主球上来，这引得周围的观众哈哈大笑。

路易斯·福克斯的情绪跌到了极点，他失去了理智，愤怒地用球杆击打苍蝇，球杆碰到了主球，裁判判对手击球，他因此失去了一轮机会。之后，路易斯·福克斯方寸大乱，连连失利，而他的对手约翰·迪瑞则愈战愈勇，终于赶上并超过他，夺取了桂冠。第二天早上人们在河里发现了路易斯·福克斯的尸体，他投河自杀了！

一只小小的苍蝇，竟然击败了一位台球高手！其实，这场悲剧是完全可以避免的，当苍蝇落在主球上的时候，不理它一门心思击球就是了！当主球飞速奔向既定目标的时候，那只苍蝇还站得住吗？它肯定会飞得无影无踪了。

几乎所有的在狱囚犯都表示过后悔，很多刑事案件都是由当事人在愤怒的时候作出的不理智的决定引发的，几乎所有罪犯在接受采访时都表示过："如果当时……"事实上，绝大多数人的本质是善良的，正所谓"人之初，性本善"，真正穷凶极恶，以杀人放火为乐的人是少之又少的。曾经在哈佛大学受过良好教育的爱默生说："凡是有良好教养的人都有一禁诫：勿发脾气。"当别人有意或无意地激怒了我们时，请千万别冲动，别让情绪冲昏头脑。我们完全可以用理智的回答代替愤怒，不要把不满写在脸上，我们要懂得克制自己的情绪。我们明白这点时，便不会轻易同别人生气争吵，甚至辱骂他人，怨恨他人。从这个意义上讲，在即将愤怒时理智应对，将影响我们的人生。

下面为您提供一些可以有效防止愤怒的方法。

第一，以自信遏制愤怒

学会自信、积极地应对冲突，是人们减少与化解愤怒的有效方式。如果你还没开口就认定自己会输，那么你就等于未开始便先击败了自己。如果你提出了自己的想法，即使没能达到预期的效果，至少也说明你已经尽力了。

第二，控制你说话的声音

突然提高说话声调是没有控制好情绪的表现。你不妨试试：当你的对手大叫时，你逐渐放低自己的声音，放慢自己的语速，多数情况下，你的对手也会跟着你放低声音、放慢语速。

第三，要容忍克制

有专家认为，宽容的心是最好的“灭火剂”，而从容的心态无异于为自己建立一面防火墙。

著名散文家朱自清说过：“沉默是最安全的防御战略。”如果感觉自己要忍不住发脾气了，就要强迫自己不说话，采取沉默的方法，这样有助于冷静头脑，因此，沉默可以作为一种保持内心平衡、抑制精神亢奋的灵丹妙药。为此，生活中遇到使自己容易发火的事时，在有条件的情况下，不妨采取“三十六计，走为上策”。眼不见，心不烦，怒气自然能消好多。同时，试着用理性盖过自己的感性，并告诫自己：“如果我这个时候发火，就会把事情弄得一团糟。”心中默念：“不要发火，息怒、息怒。”即将愤怒时采取这个方法，一定会收到良好的效果。

及时调节抑郁情绪

抑郁是一种消极情绪，可以说多数人的一生总有某段或长或短的时间生活在抑郁之中。处于抑郁状态的人，如果能及时进行自我调节，积极面对所遭遇的现实，就有可能克服抑郁情绪，重新适应环境,恢复正常的生活。遗憾的是,许多人并没有意识到抑郁的危害,他们不能积极调整心态，长期处在抑郁的阴影下无法自拔，结果影响了正常的生活，甚至患上了抑郁症。

据一项研究发现，大约有12%的人在一生中会经历比较严重的抑郁。不管是平民百姓，还是成功人士，世界上很少有人对抑郁具有免疫力。所以，对于抑郁，我们要打足十二分的精神来面对。

导致抑郁的原因之一是自卑。正是自卑摧老了我们的身心，盗走了我们的骨气，使我们郁郁寡欢，并最终毁了我们。美国著名心理医生基恩博士在一次演讲时，讲起他小时候经历过的一件事：

一天，几个白人小孩正在公园里玩，这时，一位卖氢气球的老人推着货车进了公园。白人小孩一窝蜂地跑了过去，每人买了一个，兴高采烈地追逐着放飞在天空中色彩艳丽的氢气球。在公园的一个角落躺着一个黑人小孩，他羡慕地看着白人小孩嬉戏，却不敢过去和他们一起玩，因为他很自卑。

当白人小孩的身影消失后，他才怯生生地走到老人的货车旁，用略带恳求的语气问道：“您可以卖一个气球给我吗？”老人用慈祥的目光打量了他一下，温和地说：“当然可以。你要什么颜色的？”小孩鼓起勇气回答：“我要一个黑色的。”脸上写满沧桑的老人惊诧地看了看黑人小孩，给了他一个黑色的氢气球。

黑人小孩开心地拿过气球，小手一松，黑色气球在微风中冉冉升起，在蓝天白云的映衬下形成了一道别样的风景。

老人一边眯着眼睛看气球上升，一边用手轻轻地拍了拍黑人小孩的后脑勺。说：“记住，气球能不能升起，不是因为它的颜色、形状，而是气球内有没有充满氢气。一个人的成败不取决于他的种族、出身，关键是这个人的心中有没有自信。”

那个黑人小孩便是基恩博士自己。

基恩博士通过自己的亲身经历，告诉人们：一个人的成功，与他的种族、相貌、出身无关。在我们的身边，有很多人因为自己没有漂亮的外表，没有出生在一个好的家庭而感到自卑，他们终日郁郁寡欢。事实上，外貌、家庭背景不应该成为自卑的理由。面对生活中的难题，我们应积极地进行心理调适，走出困境。以下八种方法可以帮助我们摆脱抑郁，大家不妨一试。

一是沉着冷静，不慌不怒。从主客观条件、目标等方面，找出受挫的原因，采取有效的补救措施。

二是灵活机动。实现目标时受挫，可以改用别的途径，或者改换目标，以获得新的胜利，即“失之东隅，收之桑榆”。

三是自我宽慰，乐观自信。面对挫折时，心怀坦荡，情绪乐观，发愤图强，满怀信心去争取成功。

四是鼓足勇气，再接再厉。要勇往直前，加倍努力，要认识到正是生命中的种种不顺利使我们变得更加聪明和成熟。

五是转移注意力，寻求升华。可以通过集邮、写作、书法、绘画、音乐、舞蹈、体育锻炼等自己喜爱的方式，使情绪得以调适、情感得以升华。

六是学会宣泄，摆脱压力。找一两个你亲近的、理解你的人，如父母、挚友，把心里的话倾吐出来，以摆脱压抑状态，放松身心。

七是学会幽默，自我解嘲。幽默和自嘲是宣泄积郁、平衡心态、制造快乐的良方。我们不妨采用阿Q的“精神胜利法”或幽默的方法来调整心态。

八是必要时求助于专业人员。当自己无法独自走出心理阴霾时，不妨求助于心理咨询机构。

人生在世，不可能事事得意、事事顺心。面对挫折能够虚怀若谷、大智若愚，保持一种恬淡平和的心境，就能为取得成功积聚力量，这是人生的智慧。

通过人际关系改善生活

人是社会性的动物，人的一生是在与不同的人打交道的过程中度过的，人际关系无所不在。要想保持心理健康，就要有和谐的人际关系。而要想拥有和谐的人际关系，就需要用心去检视自己的人际交往模式，即自己是怎样与外界以及他人互动的，是主动的还是被动的，是热情的还是冷淡的等。

在很大程度上，一个人的朋友圈子以及这个人和朋友的关系，将影响这个人的人生道路。一项研究表明，一个人对生活的满意度和幸福感，与其朋友数量的多少有着千丝万缕的联系。研究者说："带给人们快乐的往往不是名利和权力，而是家人和朋友。"朋友数量的多少直接影响你社交关系的好坏。

良好的人际关系有利于我们的身体健康，假如一个人能够平等、友爱地与朋友交往，那么其肯定会觉得心情舒畅。而封闭自己心灵的人，会感到焦虑、不安和抑郁。现代医学研究表明，郁闷的情绪是身体的敌人，如果不加以控制，就算有再好的营养补品，再好的运动锻炼，也难以挽救你的身体走向颓势。俗话说健康之道在于"和"，这里既包括身体内在的和，也包括人与自然、社会的和，同样也指人际关系的和谐。

良好的人际关系是人生幸福的源泉，因为人生的幸福是在物质生活和精神生活的地基上建造的。良好的人际关系会给物质生产过程营造优良的环境，从而增加物质财富的生产，使人们的物质生活变得更多姿多彩；良好的人际关系也可使人际沟通渠道变得通畅，使人与人之间互通有无、互利互惠，从而拥有更加舒适的物质享受。

你要想获得人生的圆满成功，还必须实现精神生活的满足。

人们的生活少不了思想感情的交流。一个志同道合又积极向上的人际关系群体，可以形成和谐、信任、友爱、团结、互相理解、彼此关心的环境。在这种环境下，人与人之间思想感情上的交流，能给彼此以前进的动力，使人们在遇到挫折、困难时获得别人及时的帮助，使身在其中的人们处于一种积极向上的气氛中，从而形成乐观、积极、自信的人生态度。而不良的人际关系则很容易导致彼此间猜疑、冷漠和嫉妒。

成功人士之所以成功，是因为聚集了很多人的力量，一个人的力量毕竟是有限的，而拥有一个良好的社交圈子，不仅对你的身心健康十分有利，而且可以帮助你走向成功。

健商测试

也许你的智商、情商足够高，但你的“健康智商”却未必高。健康智商测试20题旨在帮你测试自己的健商，提高防病意识，减少得病概率。请先做测试，如果你的正确答案少于10个，则说明你的健商该提高了；如果答错一半以上，说明你的防病意识必须加强了。

1. 最近一次健身步行后，感觉上气不接下气。另外还伴有睡眠困难，很长时间肚子痛，偶尔眩晕。以上这些症状是因为：

A. 抑郁症　B. 心脏病　C. 糖尿病　D. 高血压　E. 上述 4 种

2. 女性死亡的头号原因是：

A. 癌症　B. 心脏病　C. 中风　D. 意外伤害　E. 糖尿病

3. 首次胆固醇筛查的年龄为：

A.10 岁　B.20 岁　C.35 岁　D.40 岁　E. 据风险因素而定

4. 以前得过霉菌感染，但是一年来，这种病依然挥之不去。以上这些症状是因为：

A. 糖尿病　B. 肺气肿　C. 胃溃疡　D. 抑郁症　E. 食物过敏

5. 何种生活方式变化会降低女性乳腺癌危险？

A. 成年保持苗条身材　B. 每天喝一杯红葡萄酒

C. 经常参加中强度锻炼　D. A 和 C

E. 乳腺癌几乎无法自我防治

6. 女人 30 岁以后怀孕难的主要原因是：

A. 卵巢产生卵子更少　B. 卵子质量开始退化

C. 性交次数减少　D. 尿路变窄

E.30 岁后生活压力更大

7. 宫颈刮片检查多长时间应进行一次？

A. 青春期之后，每年一次

B.21 岁后或第一次性生活后，每年一次

C.21 岁后每年一次，30 岁后两年一次

D. 如果有多个性伙伴，一年一次

E. 如未接种 HPV 疫苗，一年一次，之后无需检查

8. 女性第一大癌症杀手是：

A. 结肠癌　B. 乳腺癌　C. 肺癌　D. 子宫颈癌　E. 食道癌

9. 大多数妇女首次接受乳房钼靶 X 线年龄为：

A.30 岁　B.35 岁　C.40 岁　D.45 岁　E.50 岁

10. 首次结肠镜筛查肠癌年龄为：

A.35 岁　B.40 岁　C.45 岁　D.50 岁　E.55 岁

11. 导致头发大把掉的原因是：

A. 红斑狼疮、甲状腺紊乱、近期高烧或流感

B. 头皮发生真菌感染

C. 发型过紧，如辫子、接发、盘头发或马尾辫等

D. 怀孕导致激素改变，避孕药或更年期导致的变化

E. 以上都正确

12. 在每日饮食热量中，脂肪应该占：

A.10%　B.20%　C.30%　D.40%

E. 没有推荐脂肪摄入量，但脂肪摄入越少越好

13. 你实际需要多少运动？

A. 每周两次，每次 45 分钟

B. 每周 3 ~ 4 次，每天 30 分钟

C. 每周 3 ~ 4 次，每天至少 60 分钟

D. 每周 4 ~ 5 次，每天至少 30 分钟

E. 根据具体年龄及身体状况而定

14. 自从“防晒剂运动”开展以来，皮肤癌发病率下降了吗？

A. 是，患皮肤癌的人更少

B. 不是，皮肤癌发病率及死亡率都有所上升

C. 不是，皮肤癌发病率上升，但是死亡率下降

D. 近十年来皮肤癌发病率较稳定

E. 是，但仅限于老年妇女

15. 女人头痛比男人多吗？

A. 不是，男女一样

B. 是，但是比率不大

C. 是，而且女性头痛更严重

D. 是，但是男性头痛更严重，持续时间更长

E. 以上都不正确

16. 以下哪种压力处理方式欠佳？

A. 与导致压力的人直接谈话

B. 好好款待自己，比如，安慰食物或鸡尾酒等

C. 接受“有些事情自己无法掌控”的事实

D. 尝试认知行为疗法以学习新的处世技巧

E. 有规律地参加健身运动

17. 健康血压水平为：

A.110/70　B.125/85　C.135/90　D.140/95　E.150/95

18. 哪些因素会增加中风危险？

A. 高血压和老年化　B. 女性和白人

C. 女性和黑人　D. 更年期　E.B 和 C

19. 健康身体质量指数（BMI）是多少？

A.17.5 以下　B.18.5 以下　C.18.5 至 24.9

D.25 至 29.9　E.30 至 34.9

20. 每天应该吃多少水果蔬菜？

A. 水果或蔬菜至少 1 杯，即约合 227 克

B. 水果蔬菜各 1 杯

C. 水果 1 杯，蔬菜 1.5 杯，共 2.5 杯

D. 水果 2 杯，蔬菜 2 杯

E. 水果和蔬菜 4 ~ 5 杯

测试结果（各题解读）：

1. 正确答案是 B。女性心脏病症状更微妙。前一礼拜能上的坡，这个礼拜不能上，都可能是心脏病的症状。心脏病夜间发作还有呼吸困难、恶心、出汗等症状。

2. 正确答案是 B。患者常以老年人为主，但年轻女性也不可掉以轻心。吸烟、饮食不良及不爱运动等都会导致血管从少年时期就开始病变，最终酿成心脏病。

3. 正确答案是 B。及早接受胆固醇检测有利于防治心脏病和中风。美国国立卫生研究机构曾有一项研究发现，18 ~ 30 岁的高血压高血脂患者十五年后发生冠状动脉钙化的危险增加 2 ~ 3 倍。要保持好胆固醇，降低坏胆固醇，就必须坚持吃低脂奶制品、瘦肉，每周吃两次鱼，并大量吃水果蔬菜和全麦食物。

4. 正确答案是 A。霉菌感染一年超过四次，且药物治疗无效果，则为糖尿病症状。尿液中的糖是霉菌的极好培养基。一旦糖尿病得到治疗，霉菌感染就会减轻或消失。

5. 正确答案是 D。成年女性防治肥胖有助于降低绝经后乳癌危险。常锻炼、每日饮酒不超过一杯，及绝经后的激素疗法，都有助于降低乳癌风险。但激素疗法应以“剂量小，时间短”为宜。

6. 正确答案是 B。女性生育能力主要依赖卵子质量和数量。随着年龄的增加，这两者都会日益退化，而且排卵期越来越不规律。有些女性年龄超过 40 岁还很容易自然怀孕，而有些女性 20 多岁却不得不借助生育辅助。

7. 正确答案是 C。30 岁之后，如果检查正常，则只需 2 ~ 3 年接受一次宫颈刮片检查，以发现子宫颈癌的早期症状。如果宫颈刮片检查结果异常，需进一步接受人乳头状瘤病毒检查。

8. 正确答案是 C。每年，仅美国妇女中就诊断出 9.9 万例肺癌，死亡 7 万人。相比之下，乳腺癌发病率更高，但是死亡率更低。大多肺癌由吸烟所致，但是二手烟也致命。《美国公共卫生杂志》一项新研究发现，置身吸烟环境的非吸烟者，肺癌危险增加 24%。

9. 正确答案是 C。但有乳癌家族史的妇女，在 30 岁时，或在比亲属乳癌诊断年龄早十年的年龄时，应该提前接受检查。

10. 正确答案是 D。尽管结肠镜检查很难受，但能尽早发现肠道疾病，可以切除可能病变的息肉，从而阻止癌症发生。

11. 正确答案是 E。大量脱发可能是严重健康问题的征兆，应及时就医。女性分娩期脱发是缺铁的症状。其他原因包括遗传、蛋白质摄入不足、药物副作用、压力及外伤等。另外，有时洗发液及吹风机过热也会导致脱发。

12. 正确答案是 C。也就是说，活跃女性每天摄入 2000 卡路里食物中，脂肪应大约占 60 克。另外，脂肪种类非常重要，每天从很多包装食品中摄入的反式脂肪不得超过 2 克；从肉类和奶制品中摄入的饱和脂肪不得多于 20 克。最健康的选择是来自三文鱼、坚果、瓜子、橄榄油和鳄梨中的单不饱和脂肪和多不饱和脂肪。

13. 正确答案是 D。这种运动量可保持体重。要减肥则每天至少锻炼 60 分钟，每周锻炼天数更多。快走是最佳选择。

14. 正确答案是 B。世界上有很多人罹患黑色素瘤，出门最好涂抹 SPF 值超过 15 的广谱防晒霜。

15. 正确答案是 C。女性偏头痛发病率高于男性，幸运的是偏头痛并非不治之症。

16. 正确答案是 B。这种“食物解压法”非但无效，而且会伤害健康。美国克利夫兰诊所专家迈克尔博士建议采用下面的减压法：一是控制。学会与朋友交谈，分析压力源，学会接受现实，化解压力。二是挑战。学会改变看问题的角度，视困境为良机，变危机为挑战。三是承诺。了解生活中的轻重缓急。如果朋友家人更重要，应该放弃部分工作，兑现承诺，以减少冲突、内疚和挫败感。四是群体帮助。亲朋好友的情感支持和帮助能解压。

17. 正确答案是 A。高血压是中风和心脏病的主因。高血压不及时治疗还会导致肾衰和失明。按时吃药，保持饮食，可降低高血压。调节高血压的饮食包括：少吃盐，多吃水果蔬菜、低脂奶制品等。

18. 正确答案是 A。分析同 17 题。

19. 正确答案是 C。身体质量指数是身高和体重比。身体质量指数可预测某些疾病，如心血管疾病、中风及某些癌症。然而，身体质量指数也并非完美。比如，肌肉发达的人身体质量指数可能提醒其体内脂肪超标。

20. 正确答案是 E。水果蔬菜是神奇食物，有助于防治中风、癌症和心脏病。其中，深色绿叶蔬菜和深黄色或红色水果蔬菜是最佳选择。而且，颜色越深，营养含量越多，有益健康的抗氧化剂也更多。